敏捷开发技术丛书

The Nexus™ Framework for Scaling Scrum

Nexus规模化 Scrum框架

[德] 库尔特·比特纳（Kurt Bittner） 帕特丽夏·孔（Patricia Kong） 戴夫·韦斯特（Dave West） 著
李建昊 陆媛 徐东伟 译

机械工业出版社
China Machine Press

图书在版编目（CIP）数据

Nexus 规模化 Scrum 框架 /（德）库尔特·比特纳（Kurt Bittner）等著；李建昊，陆媛，徐东伟译 . —北京：机械工业出版社，2018.10

（敏捷开发技术丛书）

书名原文：The Nexus™ Framework for Scaling Scrum

ISBN 978-7-111-60958-2

I. N… II. ① 库… ② 李… ③ 陆… ④ 徐… III. 软件开发 IV. TP311.52

中国版本图书馆 CIP 数据核字（2018）第 220732 号

本书版权登记号：图字 01-2018-3143

Nexus 规模化 Scrum 框架

出版发行：机械工业出版社（北京市西城区百万庄大街 22 号 邮政编码：100037）

责任编辑：刘 锋

责任校对：张惠兰

印　　刷：三河市宏图印务有限公司

版　　次：2018 年 10 月第 1 版第 1 次印刷

开　　本：147mm×210mm 1/32

印　　张：5.875

书　　号：ISBN 978-7-111-60958-2

定　　价：59.00 元

凡购本书，如有缺页、倒页、脱页，由本社发行部调换

客服热线：(010) 88379426 88361066　　　　投稿热线：(010) 88379604

购书热线：(010) 68326294 88379649 68995259　　读者信箱：hzit@hzbook.com

版权所有·侵权必究

封底无防伪标均为盗版　　本书法律顾问：北京大成律师事务所 韩光 / 邹晓东

作为 Scrum 框架的联合创始人（同时也是敏捷宣言的 17 位起草人之一），敏捷大师 Ken Schwaber 先生基于 Scrum 框架在大组织实践中进行了扩展，于 2015 年提出了 Nexus 框架（可从 Scrum.org 下载《Nexus 指南》）。随后，本书的几位作者作为 Nexus 的核心实践者，逐渐细化了 Nexus 在日益复杂情况下的应用，详细总结了如何将 Nexus 应用于多个 Scrum 团队处理同一个产品或问题，提供了利用 Nexus 提高生产率和解决故障的补救技术，并于 2018 年出版了本书。Nexus 为规模化敏捷的企业级应用提供了一种新的、有效的可选方案。

本书首先介绍了为什么要进行规模化敏捷，并解释了 Nexus 的基本原则和概念，包括什么时候需要 Nexus，以及启动 Nexus 时需要做哪些准备。从第 3 章开始，基于案例描述了如何建立一个 Nexus；第 4～5 章详细介绍了如何在 Nexus 中进行计划、运行 Sprint（包括 Scrum 每日站会、开展 Nexus Sprint 评审，以及实施 Nexus Sprint 回顾等）；第 6～7 章分析了如何管理演进过程中的 Nexus，以及当 Nexus 处于困境时（也就是应急模式下），如何应对挑战并保持有效合作；第 8 章作为全书的总结，对 Nexus 的整个旅程进行了回顾。全书简明扼要，重点突出，阅读起来十分轻松。

正如 Ken Schwaber 所说，Nexus 可以被看作一种"外骨骼"，"简单是进行规模化的关键"。Nexus 可以通过简化和管理团队之间的连接和依赖，以及通过透明的自下而上的方式来洞察团队如何协同工作，保护和强化这些 Scrum 团队。通过将 Scrum 进行扩展，从而支持那些更加复杂的产品有效地进行交随着科技的发展和社会的进步，软件在这个时代发挥的用越来越大。软件正在改变世界，也正在创造未来。

"海不辞水，故能成其大。"自软件诞生伊始，人们就开始探索有效的软件开发方法，从最初的作坊式、增量式、瀑布式、迭代式，一直演进到敏捷开发的方法。自 2001 年敏捷联盟成立，敏捷宣言发表，到现在已近 20 年了。这些年来，敏捷开发的理念开放包容、兼收并蓄；敏捷开发的实践持续演进、不断突破。敏捷开发帮助大量的研发团队成功地进行了产品交付，敏捷的价值得到了广泛的认可。

如果说 10 年前，大家还在谈论要不要做敏捷的问题，那么今天我们讨论的焦点已经变成了如何把敏捷做好这个问题。团队级的敏捷开发取得了很好的成果，但是在小团队中已经验证有效的敏捷实践，一旦扩展到大组织层面，就会面临各种各样的挑战。

付，使多个 Scrum 团队致力于将单个产品组合成一个更大的单元，并称之为 Nexus，而使用的框架依然是 Scrum。

在这个观点上，我与 Ken 的理念完全吻合。世界上不存在一种可以直接套用的规模化敏捷框架，SAFe 不是、LeSS 不是、Nexus 也不是，敏捷实践者需要做的是持续地实践，用发展的眼光，动态地探索和解决问题。而在这个过程中，简单永远是进行规模化的基石！

最后，感谢陆媛、徐东伟两位资深敏捷专家在翻译过程中的深度参与，感谢机械工业出版社的领导和关敏老师的大力支持，感谢所有规模化敏捷框架的实践者，正是因为大家的共同努力和贡献，不断地向规模化敏捷注入活力，才能持续地从 Scaled 走向 Scaling，持续地延伸和扩展，超越敏捷……

李建昊

2018 年 9 月

序 Foreword

本书非常有价值。它从一个简单的 Nexus 应用开始，然后描述了 Nexus 在日益复杂情况下的应用。作者阐述了环境的复杂性及其所导致的问题，以及如何应用 Nexus 来解决这些问题。书中结合了想法与案例研究。本书也是由《 Nexus 指南》（the Nexus Guide）权威的知识体系所支持的。

然而，为什么 Nexus 会存在呢？

Scrum 是一个框架，在这个框架内，一个团队的人可以在短时间内解决一个复杂的问题，从而创造价值增量。在过去的 27 年中，Scrum 已经证明了它在许多应用中的价值。

但是，Scrum 只是为单个团队而设计的。通常情况下，一个组织需要多个具有不同能力的团队一起工作来创造价值。组织当然希望多团队也能在最初的 Scrum 框架基础上开展工作。

多年来，我与数百家组织进行合作，坚持 Scrum 的框架和价值观，同时将其扩展应用于数十人、数百人，甚至数千人的规模，共同创造同一个成果。

许多其他的 Scrum 实践者也做了相同的事情。在我们应用先前知识的程度上，Scrum 的大部分生产力和价值都被保留下来。

基于我的个人经验，以及在 Scrum.org 中其他合作者的经验，我设计了一个明确的框架，以应用于多个 Scrum 团队处理同一个产品或问题。这就是 Nexus，一个处于多个 Scrum 团队之上的外骨架。Nexus 提供了指导大家一起工作的信息，包括管理信息。Nexus 尽可能地保留了最高的生产率，也描述了提高生产率的方法，同时还包括了解决故障的补救技术。

让我们多读多学。让 Scrum 继续前进。

Ken Schwaber

前　言 *Preface*

　　我们写作本书的目的很简单：向熟悉 Scrum 的人提供一种简单而强大的方法，从而当需要多个团队共同努力进行产品开发时，可以继续应用他们所熟悉的同一套 Scrum 概念。每天有超过 1200 万人使用 Scrum，其中很多人都在进行大型多团队协作。Nexus 就是为了满足这些人的需要而发展起来的，虽然许多组织都在使用它，但还没有对它进行描述的书籍出现。我们希望本书的读者能够应用 Nexus 来扩展，甚至是提升他们的Scrum 实践的能力。正如我们想说的，"规模化的 Scrum 仍然是 Scrum"。

谁应该阅读本书

　　任何使用 Scrum 的人都会从阅读本书中获益，因为有时你会发现，一个单独的 Scrum 团队已经不足以交付产品了。虽然增加团队听起来很容易，但是团队间的依赖关系很难管理，而且会快速冲垮这个单薄的 Scrum 方法。本书将帮助每个团队成员更好地理解 Nexus。在 Scrum 团队之外，Scrum 团队的利益相关者将发现本书有助于理解多团队工作所面临的挑战，这也将帮助他们更好地支持与之进行合作的团队。

本书是如何组织的

本书假设你已经熟悉 Scrum 框架，并通过介绍如何使用 Nexus 来扩展 Scrum 进行大型产品的开发，从而建立起这种知识体系。

第 1 章介绍了在一个项目需要多个 Scrum 团队参与的情况下，如何使用敏捷。

第 2 章主要关注 Nexus 背后的基本原则和概念，包括何时需要 Nexus，以及启动 Nexus 所需要的准备。

第 3 章主要关注如何围绕产品建立一个 Nexus，即使该产品仍然只是一个构想，尚未组建起团队也没有关系。对于已经存在的产品和团队，我们将描述在创建 Nexus 时如何增加团队。我们还将描述如何在 Nexus 中组织 Scrum 团队，以及如何识别（并最小化）产品待办事项的依赖关系。

第 4 章主要关注如何组织 Nexus 的工作：针对业务目标对于大型待办事项列表的收集、梳理和验证，设定目标，计划 Sprint。

第 5 章主要关注 Sprint 中的 Nexus 工作：执行 Nexus Sprint 待办事项列表中的任务，运行 Nexus 每日 Scrum 站会，开展

Nexus Sprint 评审，以及实施 Nexus Sprint 回顾。

第 6 章主要关注如何管理 Nexus，包括报告进度、提升绩效和吞吐量，以及消除瓶颈。

第 7 章主要关注 Nexus 如何帮助组织克服规模化过程中的典型挑战，包括帮助分布式团队更好地协同工作，应对挑战，保持团队的有效合作。

第 8 章展示了当团队和组织扩展 Scrum 时所经历的典型旅程。它着眼于 Nexus 元素在旅程中的作用，团队和组织所面临的典型挑战，以及他们如何克服这些挑战。同时，也展望了团队和组织可以做些什么，从而持续提升交付复杂应用程序的能力。

致谢

我们在写作本书时得到了很多帮助和支持。首先，我们要感谢 Ken 和 Christina Schwaber 的支持、鼓励，以及他们提供的 Nexus 如何从 Scrum 演进而来的视角。其次，要感谢 Ken Schwaber 和 Jeff Sutherland 创造 Scrum 框架，该框架是 Nexus 的基础。Nexus 框架之所以存在，是因为相互协作的团队成员聚集在一起，将他们的经验转化为《Nexus 指南》的形式并分享给大家。

我们也感谢专业 Scrum 培训（PST）社区，社区成员利用他们宝贵的时间，通过他们深思熟虑的建议和严谨的评审帮助提升本书的质量。我们对本书最大的贡献者们表示最诚挚的感谢，他们是 Peter Götz、Jesse Houwing、Richard Hundhausen、Ralph Jocham、Mikkel Toudal Kristiansen、Rob Maher、Jeronimo Palacios 和 Steve Porter。我们还要谢谢 Eric Naiburg，他用作家睿智的目光帮助我们更有效地表达思想，以及 Sabrina Love，她设计了本书的封面。

最后，如果没有 Pearson/Addison-Wesley 出版社团队的支持就没有本书的出版，特别是我们的编辑 Chris Guzikowski、策划编辑 Chris Zahn、生产编辑 Julie Nahil、文字编辑 Stephanie Geels，他们都帮助我们完成了本书的完善和出版。

Kurt, Patricia 和 Dave

目 录 *Contents*

译者序

序

前言

第 1 章　Chapter 1

规模化敏捷概述

　　敏捷软件开发的发展，可以引用 Geoffrey Moore 的名言，那就是"已经跨越了鸿沟"⊖。今天，已经没有人去讨论敏捷软件开发是否与工作相关的话题了，人们讨论的话题已经聚焦在何时何地使用敏捷。在大型组织中，这样的讨论通常会指向规模化的问题：在一个小型、集中办公的团队中，没有人质疑敏捷方法的有效性，但是人们会质疑由多个团队开发和交付大型产品时，敏捷方法是否有效。

　　本书关注的是使用一种名为 Nexus 的方法来规模化 Scrum，该方法是由 Scrum 的共同创建者之一开发的。在本书中，我们将讨论为什么规模化很困难，以及如何克服这些挑战。本章

　　⊖　https://www.forbes.com/sites/danschawbel/2013/12/17/geoffrey-moore-why-crossing-the-chasm-is-still-relevant/#123c4f95782d。

简要阐述了为什么敏捷很重要，为什么 Scrum 很重要，为什么 Nexus 是最简单的，以及为什么我们认为 Nexus 是规模化 Scrum 的最好方法。

1.1 为什么使用敏捷

敏捷软件交付实践并不是新鲜事物。现在，Scrum 已经超过 20 岁了[⊖]，《敏捷宣言》的签署也已是 15 年之前的事了[⊖]。与以往不同的是，软件已经成为每一个行业的颠覆性力量，而且组织也已经转向敏捷方法，使他们能够交付基于软件的创新解决方案。[⊜]

敏捷软件交付实践能够使团队通过提升协作并采用以经验为依据的过程，对业务结果进行检视、调整和改进提升，从而更快、更多地交付业务价值。在当今竞争激烈的商业环境中，长期的计划和跨年的项目，已经让位于更加频繁的发布。敏捷的检视和调整方法更加符合这种要求。

⊖ https://kenschwaber.wordpress.com/2015/11/22/scrum-development-kit/。

⊖ http://agilemanifesto.org。

⊜ 风险投资家 Marc Andreessen 有一句很著名的话："软件正在吞噬世界"，从中可以看出当前的一种加速趋势，即以软件为基础的小型初创公司正在迅速扩张，更加成熟，更具盈利能力，比竞争对手更有竞争力。全文见 http://www.wsj.com/articles/SB10001424053111903480904576512250915629460。

1.2　为什么要用 Scrum

根据 Forrester Research 公司的调查研究，90% 的敏捷团队在使用 Scrum。⊖ Scrum 之所以流行是因为它并非是什么规定，而是基于一套原则和价值观的框架，包含 3 种角色（产品负责人、Scrum Master 和开发团队），5 种事件（Sprint、Sprint 计划会、每日 Scrum 站会、Sprint 评审会和 Sprint 回顾会），以及 3 种工件（产品待办事项列表、Sprint 待办事项列表和产品增量），从而可以使 Scrum 在不同的情况下有很强的适应能力。⊖

Scrum 的优势在于它很简单。它关注的是单个团队生成一个产品。它只有三个角色：产品负责人，专注于业务目标；开发团队，负责开发产品；以及 Scrum Master，通过教学、教练和引导等方式，帮助产品负责人和开发团队实现这些目标。虽然 Scrum 很容易理解，但是要想精通，仍然需要承诺和献身精神，才能打破旧习惯，建立新秩序。

1.2.1　什么是产品

许多组织仍然习惯基于"项目"的视角来考虑。项目是一个具有时限长度的举措，有明确定义的开始日期，有具体的交付范围，通常也会有明确定义的结束日期。

相比之下，"产品"是长期存在的，通常没有明确的结束定

⊖　https://www.forrester.com/How+Can+You+Scale+Your+Agile+Adoption/fulltext/-/E-res110444#AST962998 2013。

⊖　想了解更多 Scrum 的内容，可以参考网站 http://www.scrumguides.org/scrum-guide.html。

义。如果使用"项目"的理念来交付和支持产品，往往会导致诸多问题，不能仅仅由于利益相关者从那些不确定性的需求中得出一种趋势，就能确定进入"下一个"版本发布。在大多数组织中，项目被视为成本的来源，而产品被看作是业务价值的来源。从项目开发到产品开发的转变，常常会改变开发团队的视角，即从仅仅支持业务转变成主动地驱动业务。

如果产品是值得开发的，那么对产品的投资和管理需要采取不同的方式。产品需要定期发布以满足产品用户不断变化的需求。产品需要一个专门的团队在一系列的版本发布中构建和支持产品，从产品团队的角度来看，产品的维护、新功能的开发以及功能增强等工作是没有区别的。

1.2.2 什么是 Scrum

Scrum 是一个框架，它可以帮助团队克服复杂的适应性问题，以在交付产品时尽量提供最高的价值。从 20 世纪 90 年代初开始，许多组织已经成功地使用了 Scrum。

Scrum 是建立在经验过程控制理论或经验主义的基础之上。经验主义认为知识来自经验，基于已知的信息做出决策。Scrum 采用一种迭代的、增量的方法来优化可预测性，通过持续学习来控制风险。经验过程的实施由三个支柱进行支撑：透明、检视和调整。业界有超过 1200 万名 Scrum 实践者，而且人数每天都在增长。⊖

⊖ Scrum.org。

尽管可以把 Scrum 技术应用于项目执行，但是 Scrum 从根本上来说是专注于产品开发的。

Scrum 框架的基本要素如图 1-1 所示。[注]

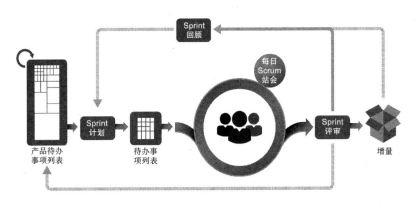

图 1-1　Scrum 框架

然而，对于单个 Scrum 团队所能达到的目标，却存在着现实的局限性。组织可能会试图将更多的人员加入到团队中，或者将更多的团队加入到产品中，以获得更高的速度，但是几十年的实践经验表明这样会适得其反。[注]

[注]　Scrum 指南中描述了 Scrum 框架，它是免费使用的，请参考 http://www.scrumguides.org/。

[注]　这是 Fred Brooks 的经典著作《人月神话》中所描述的基于传统软件项目的场景。敏捷方法不会改变根本的问题：团队人员规模的增加会导致沟通复杂度的指数级增长，如果超过 7±2 团队人员规模上限的话，团队的生产力将受到破坏。联邦调查局（FBI）的"哨兵"项目案例研究也很有启发，请参考 http://www.scrumcasestudies.com/fbi/。

1.3 为什么要用 Nexus

某些产品——甚至有人会说是大多数产品——过于复杂以至于无法由单一 Scrum 团队进行交付。这方面的例子包括汽车领域或者那些需要硬件和软件相结合的产品，以及那些非常复杂的、需要在多个 Scrum 团队之间协调才能得以交付的软件产品。还有一些产品存在上市的时间压力，需要在短时间内增加交付的能力，这些是单一团队无法满足的。

面对这些挑战，组织需要一个以上的 Scrum 团队来交付同一个产品。多个 Scrum 团队为了开发同一个产品而共同努力，由于团队间的依赖性增加了复杂度，所以经常无法在每一次 Sprint 中创建"完成"的集成工作。种种迹象表明，复杂度压倒了有效的产品交付，比如团队在 Sprint 评审会上展示的是团队增量而不是集成的产品，或者他们需要一系列的"硬化"Sprint来处理积累的技术债务，又或者需要组建一个集成团队来整合其他团队的工作。

Nexus 框架有助于组织通过使用 Scrum 来计划、发布、扩展和管理更大的产品开发举措（尤其是那些涉及重大软件开发的工作），从而解决这一问题。Nexus 使多个 Scrum 团队致力于将单个产品组合成一个更大的单元，称之为 Nexus。

Nexus 可以看作一种"外骨骼"，它可以通过简化和管理团队之间的连接和依赖，以及通过透明的自下而上的方式来洞察团队如何协同工作，以保护和强化这些 Scrum 团队。Nexus 的基础是鼓励透明性和沟通，使规模化尽可能统一。采用 Nexus，可以将 Scrum 扩展得更大，从而令更复杂的产品依然可以使用 Scrum。

1.4　简单是进行规模化的关键

将敏捷扩展到多个团队的关键是减少或消除这些团队之间的依赖关系。Nexus 为 Scrum 提供了一组简单的扩展，以帮助团队做到这一点。在接下来的章节中，我们将描述这些扩展和补充实践，它们能够帮助组织更有效地交付更好的产品。第 2 章将简要介绍 Nexus，本书的其余部分将着重通过案例研究探讨 Nexus 的不同方面。此处不再赘述，让我们直接进入 Nexus。

第 2 章 *Chapter 2*

Nexus 概述

在本章中，我们将完整地描述整个 Nexus 框架。正如你将看到的，Nexus 是基于 Scrum 的一个相对轻量和简单的扩展。我们想说的是，"规模化的 Scrum 仍然是 Scrum"，Scrum 本身非常简单，至少非常容易理解。当进行扩展时，这种简单性是一个很大的优势，因为复杂性是扩展的大敌。Nexus 的简单性也使它具有高度的可适应性，我们也将在后面的章节中看到。

2.1 什么是 Nexus

Nexus 是一个框架，它允许多个 Scrum 团队基于同一个产品待办事项列表协同工作，至少能在每个 Sprint 结束时交付一个 "完成" 的集成增量。"多个" 通常指 3～9 个 Scrum 团队。

为什么不是两个团队？因为两个团队一般不需要额外的框架就可以互相协调。为什么是 9 个团队？正如 Scrum 建议将团队限制在不超过 9 个成员以提高凝聚力和减少复杂性一样，Nexus 建议的团队数量也是如此。如同 Scrum 一样，这个上限也不是绝对的，稍多一些的团队也仍然可以工作，这要视情况而定。通过 Nexus 框架，我们发现当超过 9 个团队时，团队之间的协作复杂性和协调性大大增加，在这些情况下将应用不同的技术。⊖

由于 Nexus 建立在 Scrum 之上，所以其组成部分对于那些使用过 Scrum 的人来说是相当熟悉的。不同的是，需要更多关注 Scrum 团队之间的依赖关系和沟通（参见图 2-1）。

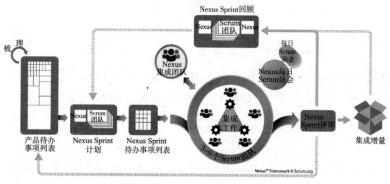

图 2-1　规模化 Scrum 的 Nexus 框架

⊖　George Miller 经常被引用的论文《神奇数字 7（±2）：我们信息处理能力的一些限制》（The Magical Number Seven, Plus or Minus Two: Some Limits on Our Capacity for Processing Information），通过我们处理信息和形成记忆，以及增加临时性经验的方式，描述了组织团队的局限性——即当团队超过 9 个人时，就开始失去凝聚力，其工作也变得难以管理。关于 Miller 论文的更多信息，请参考 https://en.wikipedia.org/wiki/The_Magical_Number_Seven,_Plus_or_Minus_Two。

2.2　Nexus 扩展了 Scrum

Nexus 是 Scrum，同时它增加了一些小的补充（参见表 2-1）。

❏ **它增加了 1 个额外的工件：Nexus Sprint 待办事项列表**。Nexus Sprint 待办事项列表是 Sprint 的 Nexus 计划，它有助于 Nexus 了解每个 Scrum 团队正在进行的工作，并能在 Sprint 期间让每个团队之间可能存在的任何依赖关系透明呈现。

❏ **它增加了 5 个额外的事件：梳理、Nexus Sprint 计划、Nexus 每日 Scrum 站会、Nexus Sprint 评审以及 Nexus Sprint 回顾**。这些额外的事件扩展了 Scrum，确保以最有效的方式在不同 Scrum 团队之间划分和协调工作，并能在 Nexus 中进行跨团队的经验分享。

❏ **它取消了单个 Scrum 团队的 Sprint 评审，取而代之的是 Nexus Sprint 评审**。因为 Nexus 中的各个 Scrum 团队一起工作，共同产生单一的集成增量，因此集成增量应该作为一个整体进行评审。

❏ **它增加了一个新角色：Nexus 集成团队（NIT）**。Nexus 集成团队的设立是为了促进和提供 Nexus 中集成工作的透明性职责。它对各个 Scrum 团队以及整个组织提供实施 Nexus 的教练和辅导。NIT 的成员包括：该产品的产品负责人、一位 Scrum Master 以及 NIT 的团队成员（这些成员通常也是 Nexus 中 Scrum 团队的成员，但也可能来自组织中的其他职能领域，例如运营、安全、架构或其他有助于 Nexus 中实现集成增量的专业领域）。这些"外部"成员可能是临时成员，只要有必要，他们就可以加入 NIT 团队。

表 2-1　Nexus 的角色、事件和工件

角　色	事　件	工　件
开发团队	Sprint	产品待办事项列表
产品负责人	Nexus Sprint 计划 *	Nexus Sprint 待办事项列表 *
Scrum Master	Sprint 计划	Sprint 待办事项列表
Nexus 集成团队 *	Nexus 每日 Scrum 站会 *	集成增量
	每日 Scrum 站会	
	Nexus Sprint 评审 *	
	Nexus Sprint 回顾 *	
	Sprint 回顾	
	梳理 *	

*Nexus 特有的

2.3　Nexus 集成团队

NIT 确保在 Nexus 中至少每个 Sprint 都能产生集成增量。每个 Scrum 团队完成工作，最终，由 NIT 对集成产品的价值最大化负责（参见图 2-2）。他们的活动包括开发用于集成和服务的工具与实践，同时作为教练和顾问帮助进行协调。

NIT 成员需要具有教学的心态，从而帮助各个 Scrum 团队解决他们所面临的问题。他们的作用是帮助强调需要解决的问题，并帮助 Scrum 团队解决这些问题。只有在紧急情况下，NIT 才会直接介入并解决问题。

NIT 成员包括：

❑ 产品负责人，即产品的所有者，为产品的成功最终负

责。在 NIT 中，产品负责人负责确保在每个 Sprint 中由 Nexus 交付最大的价值。产品负责人的角色与 Scrum 中所定义的并没有区别，只是工作的范围更加复杂了。

❑ Scrum Master，负有确保 Nexus 框架制定和被理解的整体责任。通常，该 Scrum Master 也担任 Nexus 中的一个或多个 Scrum 团队的 Scrum Master。

❑ 开发团队，其成员通常是 Nexus 中各个 Scrum 团队的成员。

NIT 团队并不会集成所有 Scrum 团队所交付的工作产物，这与 NIT 这个名称所表明的有所不同。相反，NIT 团队的责任是确保团队能够自己实现集成。

NIT 的团队成员通过教练这些 Scrum 团队，从而帮助他们消除依赖。如果有障碍阻止 Nexus 中的 Scrum 团队去生成集成的产品，NIT 就有责任确保移除这些障碍。

产品负责人
负责产品价值的最大化

开发团队
负责创建达到"完成"标准的集成增量

Scrum Master
负责Scrum团队正确地执行Scrum和Nexus，并将开发团队交付的价值最大化

图 2-2　NIT 负责将集成产品的价值最大化

NIT 团队成员或许也需要在 Nexus 的 Scrum 团队中工作，但是他们在工作时，必须把 NIT 的工作放在第一位，从而为整个 Nexus 带来更大的收益（参见图 2-3）。

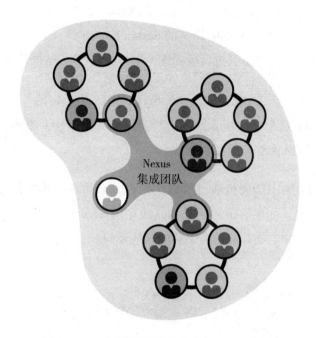

图 2-3　NIT 团队成员通常来自于 Scrum 团队

NIT 团队成员也可能来自 Scrum 团队之外，也就是说来自组织的其他部门。之所以这样，是因为要提供 Scrum 团队所缺乏的独特专业知识，比如在企业架构或持续交付方面的能力，或者在一些专门领域知识方面的能力。NIT 团队成员或许可以比较容易地得到这些专家的帮助，而不需要他们成为 Nexus 的全职成员，但是在某些情况下，当需要广泛的支持时，这些专家真正加入 Nexus 可能是有意义的。如果是这样的话，这些专家就会对产品交付负责，就像 NIT 中的其他成员一样。

NIT 团队成员可以根据需要而发生改变。在 Nexus 生命周期的早期阶段，NIT 可能侧重于教练 Nexus 中的 Scrum 团队对实践进行扩展，或者可能更多地参与到使共享构建和测试自动化框架更加稳定的工作中。在生命周期的后期，当 Nexus 顺利运行时，NIT 可能会转变为关注跨团队依赖关系。第 3 章将更详细地描述 NIT 的建立、组成和演进。

2.4　Nexus 事件

Nexus 向 Scrum 中添加了 4 个事件，并替换掉了 1 个 Scrum 事件，从而帮助 Scrum 团队以最有效的方式划分和协调跨团队的工作。[⊖] 由 Nexus 定义的事件如下：

❑ **梳理**是 Nexus 中的正式事件，针对产品待办事项列表条目（PBI），确保这些条目有足够的独立性，从而团队可以在没有过多冲突的情况下对工作进行选择和执行。团队在处理依赖项的过程中，也会知道哪些待办事项条目需要进行处理。Nexus 根据需要持续梳理产品待办事项

　⊖　Nexus 事件的持续时间以 Scrum 指南中相应事件的时间作为指导，这意味着它们通常会占用相似的时间。实际情况中，Nexus 事件占用的时间会根据 Nexus 的需要而定，Nexus 结束时事件也就结束了。执行之后，如果 Nexus 认为它花了太长时间，就会利用检视和调整的机会，在接下来的执行中进行改进。

列表，梳理是没有明确时间盒限制的。

❑ **Nexus Sprint 计划**，有助于 Nexus 中的团队共同商定 Nexus 目标，并确定每个团队如何为实现目标做出贡献。

❑ **Nexus 每日 Scrum 站会**，有助于 Nexus 将集成问题进行透明化，令 Scrum 团队知道由谁负责进行处理。这是 Nexus 中的团队每天进行相互同步的机会。

❑ **Nexus Sprint 评审**，使 Nexus 能够收集关于集成增量的反馈信息。它取代了 Scrum 团队的 Sprint 评审。

❑ **Nexus Sprint 回顾**，有助于团队分享经验，并协调解决所面临的共同挑战。

2.4.1 梳理

在 Scrum 中，产品待办事项梳理不是一个强制性事件，但却是一个强烈推荐的实践。在 Nexus 中，梳理是必须的，它有助于各 Scrum 团队一起确定哪个团队将交付哪个具体的 PBI，并识别出跨团队的交叉依赖关系。梳理是一种跨团队的活动，尽可能多的 Scrum 团队成员聚在一起，对 PBI 进行理解和分解。

梳理的结果是产生产品待办事项列表，其粒度足够适合 Scrum 团队 "拉动" 工作，而不需要创建不可管理的依赖关系。在梳理过程中，Scrum 团队应该关注以下问题：

❑ 每个团队都会 "拉动" 哪些工作？

❑ 按照什么顺序开展和完成工作，从而可以在最早的时

间交付最大的价值，同时最大限度地减少风险和复
杂性？

2.4.2　Nexus Sprint 计划

Nexus 把梳理的产品待办事项列表作为 Nexus Sprint 计
划事件的输入（参见图 2-4）。Nexus Sprint 计划有助于同步各
Scrum 团队在单个 Sprint 中的活动。

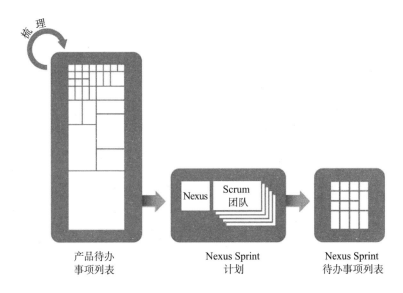

图 2-4　Nexus Sprint 计划

Nexus Sprint 计划包括：

❏ **验证产品待办事项列表**。Scrum 团队评审 PBI，根据梳
理活动的输出，对要开展的工作做出任何必要的调整。

所有的 Scrum 团队都应该参与以帮助减少沟通障碍，然而，只需要每个 Scrum 团队派出的代表（这些人可以帮助梳理 PBI）参加会议就可以了。

❑ **制定 Nexus 目标**。Nexus 的目标是 Sprint 的目的，将通过多个团队实现 PBI 最终达成。

❑ **Scrum 团队 Sprint 计划**。各 Scrum 团队一旦清晰了 Sprint 的 Nexus 目标，就将开展各自的 Sprint 计划活动，并创建出各自的 Sprint 待办事项列表。他们会识别与其他团队的依赖关系，同时也会与这些团队合作以尽量减少或者消除依赖关系。

在某些情况下，这意味着跨团队的工作顺序可能需要调整，以便让一个团队在另一个团队开始之前完成工作。

通过分离有依赖关系的工作，团队可以彼此独立地开展工作，或者是由一个团队选择没有依赖性的工作，从而避免处理跨团队的依赖关系而造成浪费。团队也可以一起工作，相互移交工作，从而更好地平衡工作。NIT 将帮助确保在 Nexus Sprint 待办事项列表中对依赖关系进行沟通和可视化。

当 Nexus 中的每个 Scrum 团队都完成了各自的 Sprint 计划活动时，Nexus Sprint 计划也就完成了。

2.4.3 Nexus 每日 Scrum 站会

Nexus 每日 Scrum 站会汇集了来自各个 Scrum 团队的相应

代表，一同检视集成增量的当前状态，并识别集成问题或新发现的跨团队依赖关系。通常讨论的主题包括以下内容：

❑ 前一天的工作是否成功地进行了集成，如果没有，为什么？

❑ 识别出了新的依赖关系吗？

❑ 有哪些信息需要在 Nexus 中的各个团队间共享？

在 Nexus 每日 Scrum 站会和一天的工作中，Scrum 团队可能需要更新 Nexus Sprint 待办事项列表，以便可视化和管理当前团队间的依赖关系。Nexus Sprint 待办事项列表并不是简单地将各个团队的 Sprint 待办事项列表进行叠加，因为每个团队都有自己的工作，同时也都承担着产品待办事项列表上的工作。在 Nexus 每日 Scrum 站会中识别出的工作，将由各个 Scrum 团队带回，并在各自团队的每日 Scrum 站会中进行相应的计划。

2.4.4　Nexus Sprint 评审

Nexus Sprint 评审取代了 Scrum 团队的 Sprint 评审，并在 Sprint 结束时举行。其目的是从利益相关方的反馈中获取对 Nexus 中整个集成增量的反馈。Nexus Sprint 评审取代了单个 Scrum 团队 Sprint 的评审，是因为在 Nexus 中，单个 Scrum 团队可能无法独立生成有意义的集成增量。

对于 Nexus 来说，进行统一的 Sprint 评审有以下好处：

❑ 很显然，各个团队互为利益相关者，因此他们可以相互提供反馈，帮助提升 Nexus。

❏ 如果仅仅举行各个 Scrum 团队的 Sprint 评审，利益相关者可能无法参加所有的评审，即使他们参加了，也可能无法看到整个集成产品。

❏ 只有当集成产品作为一个整体进行评审，尤其是在每个团队同时开发一个或多个组件的情况下，团队遇到的问题才会显现出来。每个组件可能单独工作，但它们可能不是一起工作以产生集成产品。

❏ 将集成增量作为一个整体进行评审，将 Nexus 中的所有团队聚集在一起并提醒他们，所有人的目标都是一个集成的解决方案。

即使有些团队可以提供在逻辑上分离的子产品，也可以进行独立的评审、发布和使用，然而让所有人一起对 Nexus 中集成的产品增量进行评审依然非常有价值。

Nexus 的所有成员都参与 Nexus Sprint 评审。

2.4.5 Nexus Sprint 回顾

Nexus Sprint 回顾提供相应的方法，使得 Nexus 可以进行检视和调整。Nexus 回顾的实施如下：

1. 来自各 Nexus 中跨团队的代表聚在一起，共同识别团队间的问题并让这些问题对所有 Scrum 团队都透明可见。与会代表包括 NIT 成员，以及任何有兴趣针对团队间问题分享自己观点的人。

2. 每一个 Scrum 团队都有自己的 Sprint 回顾，这与 Scrum 中的方式相同，但是团队也要考虑从 Nexus 回顾的第一部分中所提出的问题，将其作为团队讨论的输入，与此同时成员可以决定解决这些问题的行动措施。

3. 这些代表在参加完团队回顾之后，再一次聚在一起，共同讨论从 Scrum 团队回顾中识别出来的共性问题。大家针对这些行动措施如何进行可视化和跟进达成共识，从而使得 Nexus 作为一个整体进行学习和适应。

2.4.6　Nexus Sprint 回顾中要问的问题

几乎每一个 Nexus 都会遇到共性的规模化方面的挑战。帮助团队识别出挑战的问题包括以下这些：

- ❑ 还有什么工作没有完成吗？
- ❑ Nexus 是否产生了技术债务？
- ❑ 所有的工件，特别是代码，是否能够频繁地（每天）成功集成？
- ❑ 软件是否能够成功地构建、测试和部署，从而足以防止那些无法解决的依赖性大量积累？

当挑战已经被识别出来后，可以问以下几个问题：

- ❑ 为什么会发生这种情况？
- ❑ 技术债务如何撤销？
- ❑ 如何预防这种情况复发？

在第 5 章中将对 Nexus 事件进行更详细的描述。

2.5　Nexus 工件

工件体现了工作执行的结果。工件还提供了透明性，以及检视和调整的机会。

2.5.1　产品待办事项列表

整个 Nexus 和各 Scrum 团队只有一个统一的产品待办事项列表。因为 Nexus 是围绕一个单一的产品进行组织的，所以只有一个产品负责人，该产品负责人维护这个产品待办事项列表。所有的团队都从这个统一的工件中获取工作内容。

2.5.2　Nexus 目标

在 Nexus Sprint 计划会议期间，产品负责人讨论 Sprint 的目标。这称为 Nexus 目标。该目标是 Nexus 中各 Scrum 团队所有工作和 Sprint 目标的总和。在 Nexus Sprint 评审中，Nexus 应该演示为了实现 Nexus 目标所完成的功能。

2.5.3　Nexus Sprint 待办事项列表

Nexus Sprint 待办事项列表包含的 PBI 具有跨团队的依赖关系或存在潜在的集成问题。该列表不包含那些没有依赖关系的 PBI，也不包含来自单个 Scrum 团队 Sprint 待办事项列表中的任务。它用于强调在 Sprint 中工作的依赖关系和流动。它至少每天进行更新，通常是在 Nexus 每日 Scrum 站会中进行。

2.5.4　集成增量

集成增量是 Nexus 中所有 Scrum 团队所完成工作的集成汇总。集成增量必须是可用的和潜在可发布的，这意味着它必须满足开发团队所同意的"完成"定义。产品负责人是集成增量的一个关键利益相关者，并定义了产品增量必须满足的质量标准。在 Nexus Sprint 评审中，对集成增量进行检查。

2.5.5　工件透明性

就像 Scrum 一样，Nexus 是基于透明性的。NIT 与 Nexus 中的 Scrum 团队以及更广泛的组织一起工作，以确保所有 Scrum 和 Nexus 的工件都是可视化的，并且可以很容易地理解集成增量的状态。

只有当工件具有相应程度的透明性时，基于 Nexus 工件的状态所做出的决策才会有效。不完整的或者部分的信息都会导致错误或者有缺陷的决策，从而难以或无法有效地指导 Nexus 执行，无法做到风险最小化和价值最大化。

Nexus 面临的最大挑战是如何在技术债务累积到不可接受的水平之前发现和解决依赖关系。当 Nexus 尝试将各 Scrum 团队所完成的工作进行集成的时候，就可以针对不可接受的技术债务进行测试。当集成失败时，那些未解决的依赖关系将仍然隐藏在代码和测试中，从而降低甚至否定软件的价值。

2.5.6 Nexus 中的"完成"定义

NIT 负责定义"完成",可以应用在来自于每个 Sprint 开发所形成的集成增量中。Nexus 中的所有 Scrum 团队都遵循这个"完成"定义。

只有当产品负责人确定其可用和潜在可发布时,该增量才算完成。当所开发的功能被成功地添加到产品中并将其集成进增量时,PBI 才被认为是完成的。

所有 Scrum 团队都对自己开发的工作负责,并使之按照"完成"定义产生集成增量。单个 Scrum 团队可以选择在自己的团队中应用更为严格的"完成"定义,但是他们不能使用比集成增量更宽松的标准。

2.6 要启动 Nexus 需要做哪些准备

Nexus 在 Scrum 框架的基础上,增加了最少的事件、角色和工件,以提升团队之间的透明性、沟通和协作。新的 Nexus 事件、角色和工件有助于确保成功地开发集成增量。正如 Scrum 那样,启动 Nexus 并不需要太多的东西。与 Scrum 更为相似,Nexus 同样是知易行难。以下是实现 Nexus 所需的最小但必需的先决条件。

你应该具备:

❏ Scrum 经验。

❑ 一份统一的产品待办事项列表，一位产品负责人专门负责这个产品。

❑ 确定的团队，他们将在 Nexus 中开展工作，他们应该初步了解 Nexus 框架。

❑ 确定的将在 Nexus 中组成 NIT 的团队成员。

❑ 一份"完成"定义。

❑ 确定的 Sprint 节奏。

2.7 结束语

Nexus 易于理解，但是需要实践和反馈才能达到精通。正如 Scrum 那样，它的基本概念很简单。与 Scrum 更为相似的，Nexus 也不是规定性的。它告诉你需要在计划 Sprint 的过程中使用 Nexus，但是它没有告诉你如何去做，因为有很多技术可以帮助你做计划。在接下来的章节中，我们将探讨 Nexus 在一个案例研究中的应用。这样，我们就可以通过具体的实践来说明 Nexus 是如何工作的。虽然这不是 Nexus 框架中特殊指明的内容，但是会有助于你更好地理解 Nexus 是如何工作的。接下来，我们将从第 3 章开始，讨论如何建立一个 Nexus。

建立一个 Nexus

现在，通过对 Nexus 的基本了解，我们可以关注组织如何应用 Nexus 来交付产品。为了提供丰富的展示平台，我们选择了一款带有硬件、嵌入式软件以及移动和 Web 界面的消费产品。最终，我们将举例说明团队的分布和多供应商的互动。

当我们跟随这个虚构团队的旅程时，你可能会像我们的一位同事一样做出反应："这些团队犯下了所有典型的错误！"我们让他们这样做是有原因的，因为你也可能会犯同样的错误。我们希望展示一些重要的东西——你可以犯错并从中恢复，而你成功的唯一方法是检视和调整正在构建的产品，以及所采取的工作方式。

所以，我们从你最有可能开始的地方开始，组建一个团队。

一家小型创业公司认为他们在家庭安全系统领域有很大的机会。他们拥有一个产品原型，即一个配备无线网络摄像头的门铃以及一个配备有运动传感器的摄像头，只要它们位于 Wi-Fi 范围内，就可以将其放置在建筑物外围的任何地方，并且可以接收移动设备提醒并通过移动设备查看摄像头。这个原型在焦点小组[⊖]的测试中效果很好，并且该公司已经获得了第一轮风险投资。

虽然原型是由一个单一团队构建的，但他们知道，如果没有更多人员参与，他们就无法取得进展，他们需要扩展。团队中的每个人都有使用 Scrum 的经验，已经在几个成功的产品上工作过。与之前构建的产品相比，网络摄像头非常类似于许多产品：即摄像头 / 运动传感器涉及硬件和嵌入式软件的开发，而软件部分又可以通过无线方式进行更新。移动应用程序必须至少针对 iOS 和 Android 进行开发和优化，并且他们需要一种方法来使软件随着新特性和安全性的更新而进行更新。

他们决定围绕解决方案的组件建立相应的团队：其中一个团队负责设备，一个团队负责移动端开发，另外一个团队负责运行在云上部分的解决方案。他们还决定将在为期两周的 Sprint 中开展工作，就像他们在开发原型时所做的一样。

这个例子说明了建立团队的一种典型方法：按照开发特定组件所需的专业知识领域建立团队。虽然这是一种非常常见的组织方式，但是它既不是唯一的方式，也不是最佳的方式，接

⊖ 焦点小组是指根据样本信息推断总体特征的一种调查方法。——译者注

下来我们将进行分析。大型产品可能存在许多其他方面，能提供更多的思路来组织团队构建，包括平台和技术栈、地理位置、人物角色和特性以及组件。

最好的策略是让每个团队相对独立地并行工作，同时不断集成他们的成果。要做到这一点，团队需要根据其所做的决策，将创建或消除跨团队依赖关系的三种不同力量协调一致。

1. **团队结构**。当团队完备并跨职能时，他们不必依靠别人来完成工作。

2. **工作结构**。当工作被分解成可以由一个团队独立工作的小块时，团队也不必依赖其他人来完成工作。

3. **产品架构**。如果产品是由小型完备的组件构建而成，而这些组件可被独立变更，那么团队无须依赖其他人来完成工作。

事实上，完全的团队独立是不太可能做到的，但通过努力调整这些力量，可以带来更加独立的团队、更易管理的工作以及更好和更具弹性的产品（如图 3-1 所示）。

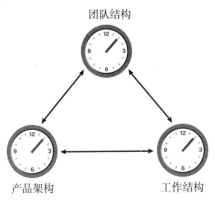

图 3-1　平衡团队结构、产品架构和工作结构，有助于组织减少或避免跨团队依赖性

3.1 演进跨职能团队

随着原来的产品团队分成了三个 Scrum 团队，团队成员们选择通过坚持一个核心战略来增加灵活性并提高可维护性：不论大家在做什么，他们希望确保每个人都对整个产品有广泛的理解。为了做到这一点，他们决定每隔几个 Sprint 都会在 Scrum 团队之间轮换人员，以便大家最终能够为产品的每个部分做出贡献。这也将使团队最终能够从目前的组件专家团队演进为更灵活的跨职能团队。

他们明白，这会让团队组建变得更具挑战性，因为必须在人员轮换时重新组建团队，但他们认为这将有助于在所有团队中创造更大的共同目标感，并使大家随着时间的推移，通过更高的灵活性，从而进步得更快。他们也觉得这会让团队成员有机会学习新事物并提高自己的技能，这也将有助于增加他们随着时间的推移而获得的满足感。

他们也明白，团队的速度在短期内可能会受到一些影响，因为许多团队成员将学习新的技能和技术。但他们还是决定无论如何都要向跨职能团队的方向发展，因为这样可以减少团队间的依赖关系，并改善整体流动和团队之间工作的平衡。

理想的情况是任何团队都能够处理任何产品待办事项列表条目。在每个团队中，如果任何团队成员都可以做任何工作，这也是理想之选。虽然大多数组织中的大多数团队与这个理想相差甚远，但这仍然是一个有价值的目标。人员的技能专业化越强，工作的顺畅流动就越困难。

人们总是会找到充分的理由，为无法实现目标来开脱。如果一个团队正在为飞机建立一个控制系统，那么并不是团队中的每个人都需要成为一名航空工程师——但是如果有人能做到这一点的话，那就太好了。然而，如果所有团队成员都是按照专业划分的，那么就会出现一种情况，即在一些 Sprint 中，一部分甚至许多团队成员并不能有助于完成整体的工作。团队速度将会受到重创。

当 Scrum 团队中的每个成员都至少在一个或几个领域拥有深厚的技能，他们也都拥有广泛的通用技能基础，并且大家正在努力提高当前团队薄弱领域的技能，在这种情况下，Scrum 团队会运转得最好。每个人都应该有广泛的业务知识，并且即使不能完全理解客户，也要能够对客户怀有同理心。

如果团队缺乏某些深层次的技能，开发人员结对工作便提供了一种分享知识的方式。在团队本身具有专长的情况下，在团队间轮换团队成员有助于拓宽技术甚至业务领域知识的基础。

3.1.1　实践：开放代码库

团队尽早做出决定，向任何团队中的任何人开放代码库。这种做法可以支持他们在整个团队中传播代码知识的愿望，通常可以通过在团队之间轮换成员和发展"T型"技能得以实现。

> 为了确保代码质量保持高水平，他们落实了一些实践：首先，他们通过使用持续集成，来构建和测试每一行签入的代码。接下来，他们使用基于主干的开发实践，来检测可能将缺陷引入代码库的变更。
>
> 要做到这一点意味着每个应用程序接口（API）都必须进行单元测试，并且需要进行自动化回归测试以确保完成的工作不会因变更而遭到破坏。同时，团队从一开始就决定 API 将永远不会被变更，但会进行版本控制。如果有一个"变更"将需要发布一个新的 API，那么就与旧 API 的用户进行协作，让他们迁移到新的 API 上。当不再使用某一个 API 时，就可以删除它。

将代码库开放，团队中的任何人都可以进行修改，使团队具备高效所需的灵活性，但是对于安全访问等方面的问题，还需要更多地加以考虑。要使其发挥作用，需要团队将几个相关实践结合在一起。

- ❏ **基于主干的开发**。代码中有一个正式的、唯一的事实来源，没有特性分支，也没有私有分支。每个人都在同一个代码库中工作并提交到同一个代码库。[⊖]
- ❏ **持续集成**。开发人员向源代码库提交的任何更改都必须构建并接受一系列测试，以评估代码是否符合商定的质量标准。

⊖　有关基于主干开发的更多信息，请参阅 https://trunkbaseddevelopment.com/。

- ❑ **自动化的基于 API 的测试。**任何东西都需要有一个 API，每个 API 都必须有一个健壮的单元测试集，以确保 API 没有被破坏。

- ❑ **版本化的 API 管理。**API 永远不会变更。当新的 API 创建出来后，现有客户在准备就绪时就迁移到新的 API，并且当客户不再使用旧有的 API 时，就将其删除。这样做可以在每个人都转换到新的 API 之前，防止由于代码被破坏以及引入强制"追赶"工期而导致的 API 变更。

- ❑ **代码评审。**结对编程（是一种持续的代码评审），或者是持续集成过程中内置的自动化代码评审所支持的定期代码评审活动，为开发人员提供频繁的反馈，帮助他们提高工作质量。开放代码库需要每个开发人员实践非常高的代码整洁水平。否则，很快就会产生影响整个团队的问题。代码评审实践还有助于团队更有效地协作和共享信息。

我们将在第 7 章中详细讨论这些实践及其如何帮助团队扩展 Scrum。

3.1.2　实践：围绕业务价值增量来建立团队

案例研究中的团队是围绕平台和技术进行组织的，至少现在是如此。团队会很自然地基于产品相关部分所需的知识领域来进行划分。当使用一套平台或技术开发大型产品时，团队就需要采用不同的方式进行划分。其中一种方法是使用以用户为中心的设计相关技术，比如用户画像和成果，或者是使用价值

领域技术来划分团队。[一]

用户画像是对产品特定类型用户的描述。[二]当用于划分团队时，关于用户画像的重要信息是用户想要达到的成果。将工作拆分到不同的团队时，让某个团队专注于特定的用户画像，从而得出的成果就会非常有用，因为这将督促团队更多地了解该用户画像及其期望的成果。[三]

根据团队的容量，一个团队可以承担多个用户画像。如果一个用户画像有太多的期望成果，单个团队是无法完成的，那么不同的团队可以共同交付单个用户画像中不同的期望成果。

价值领域与用户画像 – 成果的概念类似。[四]使用用户画像和成果的方法，可以与用户体验专业人员经常谈论用户需求的方式更好地保持一致，而价值领域的概念更笼统。这两种方法都可以产生理想的团队结果：具有合理责任范围的良好团队。

另外一种能够让团队参与并使其与所交付的业务价值保持一致的方式是，让团队拥有影响业务绩效的关键度量，并据此设定目标。度量的例子包括应用商店评级、净推荐值，或者某些客户留存率方面的度量，比如重复销售、应用使用频率或特

[一] 在第 4 章中，讨论了另一种有助于将产品功能分解为更小单元的方法，即影响地图。团队可以围绕"使用者"或"影响"进行组织。

[二] http://www.uiaccess.com/accessucd/personas.html。

[三] Tony Ulwick 所著的书《What Customers Want》是从消费产品角度编写的，但它对基于"待完成工作"模型定义产品的挑战提供了许多见解。

[四] https://sites.google.com/a/scrumplop.org/published-patterns/value-stream/value-areas。

定时间段内的后续销售。通过让团队自己负责和提升，可以帮助他们保持专注性和积极性。

3.1.3 实践：建立自组织团队

> 团队决定从一开始就实践自组织，他们将从如何在 Nexus 中建立团队开始。他们拒绝根据团队成员的经验和专业知识将人员分配给团队，因为他们想要提高灵活性，并强调开放性和尝试学习新事物的意愿。建立团队是他们必须做出的最基本的决定，如果大家愿意的话，他们希望让大家自己选择工作的团队，从而让团队成员探索新的兴趣领域。他们还希望鼓励每个人对整个团队以及团队成员彼此之间做出承诺。

典型的项目管理方法将人们看作机器中可互换的齿轮，但事实上每个人都有不同的优势、弱点、目标和愿望。让人们选择与其合作的人，给了他们一个强大的信息，即他们被信任能够做出正确的决定。这是让团队走到一起，实现卓越成就的重要一步。

除了选择自己的团队成员之外，团队还需要就大家的行为准则、价值观，以及他们如何相互合作达成一致。⊖即使团队成

⊖ 承诺是 Scrum 的五大价值观之一，其他则是专注、开放、尊重和勇气。对于更深层次的观点，请观看 Ken Schwaber 和 Jeff Sutherland 在网络直播视频中讨论的 Scrum 价值观的重要性 https://www.scrum. org/About/All-Articles/articleType/ArticleView/articleId/1020/ Changes-to-the-Scrum-Guide--ScrumPulse-Episode-14，也可以从网站下载最新的 Scrum 指南 http://www.scrumguides.org。

员以前曾经一起工作过，让他们自组织也可以表明他们需要重置旧有的行为，特别是当有新成员加入团队时。

相比之下，如果经理分配团队成员给团队，他们可能愿意也可能不愿意在一起工作，无论他们是否愿意，他们都很难感受到要共同对结果负责。如果团队没有动力，解决问题就成了经理的责任。如果团队成员无法控制像成员这样基本的东西，他们就没有真正被授权，并且很难进行有效的协作。

3.2　发展一个 Nexus

当前团队中的所有人都曾经一起工作过，他们知道如果过快地增加太多人将会带来风险。他们在使用结对技术为团队中增加新成员方面有着很好的经验，并且他们现在计划再次使用结对技术，至少可以帮助新成员就位。由于他们认为已经建立了良好的工作关系，所以希望保持轻量级的、非正式的 Scrum-of-Scrums 的方法，来进行跨团队协调。⊖

⊖　"Scrum of Scrums" 方法是 "将 Scrum 扩展到大型团队（十几个人）的技术，将团队划分为 5~10 个敏捷团队。子团队中的每个 Scrum 每日站会最后指定一名成员为 "大使"，以便与其他团队的大使参加每日会议，称为 Scrum-of-Scrums。除此之外，Scrum-of-Scrums 以普通日常会议的形式进行，大使们代表各自的团队报告完成情况、接下来的步骤和障碍。预期障碍的解决方案将侧重于解决在各团队之间进行协调的挑战。解决方案可能需要对团队之间的交叉区域、谈判责任界限等达成共识。" 来源：https://www.agilealliance.org/glossary/scrum-of-scrums 和 https://www.scrum.org/Blog/ ArtMID/1765/ArticleID/12/ Resurrecting-the-Much-Maligned-Scrum-of-Scrums。

因为他们计划迅速扩大团队，所以决定每个团队都要有一名 Scrum Master。Scrum Master 也要做开发工作，但他们将调整 Scrum Master 的工作承诺，将其 Scrum Master 的职责放在第一位。这些 Scrum Master 也将作为各个团队的代表，并参加 Scrum-of-Scrums 来讨论团队级别的进展和障碍。

这是许多组织开始的地方——由一个单一 Scrum 团队开始，逐渐发展为多个团队。通常，对 Scrum 有经验的团队成员会发现，他们很熟悉并适用 Scrum-of-Scrums 的方法。

3.2.1　从小开始，不断发展

缓慢扩展团队的最大优势在于可以让组织控制风险，并验证一种假设，即组织是否能够用当前的知识和能力实现其目标。缓慢扩展团队的另一个优势是通过限制参与人数和减少跨团队依赖，从而降低组织的复杂性。较少的团队可以更好地协作。从小开始意味着缓慢开始，并且当新团队成员加入时，要接受生产力会受到影响的情况。

如果一开始就立刻从所有团队开始，涉及每个人，这样风险更大，效率更低，成本更高。"我们可以用更少的代价完成同样的事情或更多的事情吗？"我们一直要关注这个问题。生产力也可能在一个"大爆炸"的开始中下降，因为需要花费大量时间处理集成、一致性和文化的问题。

3.2.2 使用结对和"实习制"发展 Scrum 团队

> 他们还决定由团队自己面试所有新团队成员。经理不负责招聘，新的团队成员必须得到其他同事的一致认可。

让新人在现有的高绩效团队间轮岗，如果做的方法得当，有助于扩大现有团队的文化和凝聚力。如果新团队成员过快增加，也可能会破坏团队稳定性并降低生产力。许多组织都发现，让新员工与经验丰富的团队成员结对，至少经历几个 Sprint，不但可以帮助他们学习代码，而且可以让他们沉浸在团队文化之中。

有一种使用这种结对和轮换的方式是"实习"模式，在该模式中，一个或多个新团队成员被添加到现有团队中一段时间，以了解产品、代码和文化。准备就绪后，这些新的团队成员将离开现有团队去组建一个新团队，这样会使原有团队保持完整，并有可能接受新的"实习生"（如图 3-2 所示）。

3.2.3 为什么 Nexus 中只有 3～9 个 Scrum 团队

当两个 Scrum 团队需要一起工作时，不会有太多的协调开销。这两个团队可以彼此自行商定出各自做什么事情，不需要太多形式化或结构化。他们直接交谈就行了。

一个 Nexus 中包含的团队上限是 9 个，这是一个经验值，而不是一个绝对的限制。正如一个 Scrum 团队随着其规模增长，超过 9 名成员后，其效率就会由于人际沟通开销的增加而逐渐

下降，Nexus 也会受到同样的影响——团队内部和团队之间的
凝聚力开始变得脆弱和分散，在 Nexus 中的团队成员发现很难
有效地进行自组织。

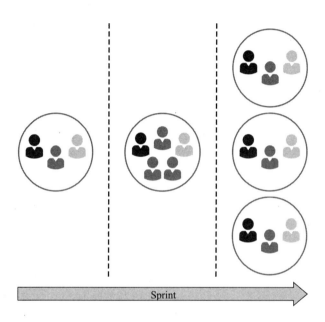

图 3-2　将新团队成员添加到现有团队中以学习团队文化和价值
　　　　观。随着团队规模的扩大，他们会分成不同的团队，然
　　　　后可以持续发展。

3.3　建立 Nexus 集成团队

　　在他们的第三次 Sprint 回顾会中，团队提出了一些问题。
首先，每个团队都有一个单独的产品待办事项列表，他们开
始感觉正在生产三个独立的产品，而不是一个。产品负责人感
到不知所措和面临挑战，无法花费足够的时间指导每个团队。

作为一种可能的解决方案，产品负责人建议增加两个产品负责人，以便能够处理对待办事项列表进行优先级排序以及与团队合作的所有工作。她认为单独的产品待办事项列表已经开始偏离原来的产品目标，她没有时间让所有三个产品待办事项列表同步。其他团队成员也理解她无法面面俱到的沮丧，但每个人都认为，如果增加产品负责人只会加剧"三个产品"问题。

另外，尽管团队成员因为以前曾经在一起工作过，之间有着强大而紧密的合作关系，但团队并不认为他们现在一起合作得很好。他们在自己的团队内部和自己的待办事项列表上工作得很好，但在最后一个 Sprint 结束时出现了重大的集成问题。

他们组建了一个由各团队最资深成员组成的非正式"集成团队"，正在介入并为各团队解决问题，而不是任由团队自己解决问题。除了与 Scrum Master 们召开的 Scrum-of-Scrums 会议之外，他们还被拉进所有的每日 Scrum 站会中。事情正在逐步陷入一种集中控制的机制之中，而这并不是大家想要的。

团队成员感到沮丧，他们无法轻松集成所有团队的工作，也没有团队对集成问题负责。大家总是说"另一个团队的错"。他们本来认为很容易的事情，却变得非常困难。

案例研究团队所面临的挑战是典型的：即当作为不同的团队开展工作时，如何保持单一一致的产品愿景，并构建单一的集成产品。当团队遇到这些挑战时，他们自上而下地集中控制方法，有时会产生难以阻止的拉力。

Nexus 引入了 Nexus 集成团队（NIT）来帮助团队应对这些挑战。虽然团队名称是 NIT，该团队也为集成负责，但是它通常既不是一个拥有全职团队成员的常设团队，也不实际执行集成操作。它只在紧急情况下才工作于产品待办事项列表条目，这些紧急情况包括当事情发生严重错误时，以及需要有人来稳定局势时。相反，NIT 通常是一个由 Scrum 团队成员加上产品负责人组成的虚拟团队（参见图 3-3）。

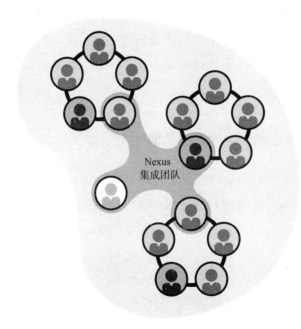

图 3-3　NIT 团队包括来自各个 Scrum 团队的成员和产品负责人

NIT 的角色与 Scrum 团队中的 Scrum Master 非常相似——它提供了一种机制来识别问题并促进问题的解决，但它并没有接管和解决各个 Scrum 团队的问题。与案例研究中团队最初使用的非正式 Scrum-of-Scrums 方法的不同之处在于，NIT 具有非常明确的管理责任和相关的执行责任，其中有一些经过验证的实践可以帮助它履行这些责任。根据 Nexus 遇到的障碍的不同，NIT 的团队成员可能会发生变化。

NIT 对每次 Sprint 结束时至少交付一次的可发布集成产品负责。这让一些人感到困惑，他们认为这实际上是把这些东西拼凑起来并集成在一起。但是，这恰恰是 NIT 不做的部分。Scrum 团队仍然负责生产可工作的软件。NIT 负责意味着它会保持关注，当团队无法交付集成的可工作增量时，帮助 Scrum 团队解决问题，就像 Scrum Master 指导开发团队解决他们自己的障碍一样。⊖

Nexus 集成团队中的人员是谁

NIT 中唯一的强制性成员是产品负责人。其他成员通常是他们 Scrum 团队中拥有最资深和最广泛的技术技能和良好的教练技能的成员。这个人也可能是团队的 Scrum Master，但是不要错误地认为 NIT 必须完全由 Scrum Master 组成。NIT 必须既要提供技术领导力，也要提供 Scrum 领导力，有时需要帮助解决深层次的技术或架构问题。只掌握 Scrum Master 技能的团队成员不能总是胜任。

⊖ Responsibility 和 Accountability 的区别在于，前者可以进行分担，而后者不能。Accountability 不仅意味着对某件事负责，而且最终还要对你的行为负责。有关更多解释，请参阅 http://www.diffen.com/distribution/Accountability_vs_Responsibility。

3.4　Nexus 如何工作

正如你将在后面的章节中看到的那样，随着需求的变化和团队成员技能的提高，Nexus 的结构和团队组成将会随着时间而改变。我们在这里描述的是一个合理的、相当现实的起点。团队结构并不完美，但团队成员相信它将有足够的能力来完成工作并不断改进。

随着 Nexus 的形成，我们现在可以将注意力转移到团队如何共同合作来生产集成的产品增量。在第 4 章中，我们将深入研究团队如何一起工作来梳理产品待办事项列表，解决依赖关系和计划 Sprint。

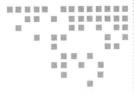

第 4 章 *Chapter 4*

Nexus 中的计划

团队很快就会发现，如果没有系统的计划方法，跨多个 Scrum 团队之间的协调工作可能会令人困惑和混乱。当多个团队在一个产品待办事项列表上工作时，用于团队之间协调的开销可能会一直增长，导致团队速度明显放慢。Nexus 运用了很多种实践来降低协调多团队开发的复杂性和开销。

4.1 巩固和验证产品待办事项列表

Scrum 团队与产品负责人一起，将各个 Scrum 团队的工作合并为一个按优先级排序的产品待办事项列表。做这项工作需要花费一些时间，因为每个 Scrum 团队各自单独的待办事项列表都略微偏离了轨道。它们添加了一些独立但有意义的功能，但是当产品被视为一个整体时，这些添加的功能并不合适。当产品负责人整理待办事项列表时，她和团队验证待办事项列表条目有没有偏离最初的产品目标。产品负责人使用影响地图——一种有用的实践来查看各个 Scrum 团队是否正在工作于能够增加最大价值的产品待办事项列表条目（PBI）。在团队中，她和各团队一起创建了如图 4-1 所示的影响地图。[⊖]

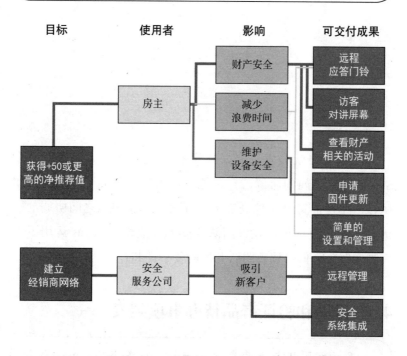

图 4-1　影响地图显示了目标与可交付成果之间的关系

在图 4-1 中，将影响与可交付成果连接的线表明，可能需

⊖　有关影响地图的更多信息，请参阅 Gojko Adzic 的网站 https://www.impactmapping.org。

要交付多个可交付成果才能实现预期影响。例如，为了实现对财产安全的影响，产品的用户将需要能够远程应答门铃、访客对讲屏幕，以及查看财产相关的活动。

根据业务目标验证产品待办事项列表条目（PBI）有助于确保在整合过程中没有任何东西丢失，并且在团队独自工作时没有任何额外的工作内容蔓延。

所有的产品负责人都会面临一个风险，即其产品待办事项列表中充满了与产品的初始业务目标无关的条目。影响地图通过可视化产品的范围来帮助他们避免这种情况。影响地图聚焦在四个方面：

- ❏ **目标**。影响地图的根节点回答了最重要的问题：我们为什么要这样做？就我们团队的情况而言，他们需要成功推出初始产品，这对他们的风险投资人来说意味着获得 +50 或更高的净推荐值。[⊖⊖]他们还需要至少签约一个经销商，通常是安全服务公司。
- ❏ **使用者**。使用者回答以下问题：谁能产生预期的效果？谁会阻碍它？谁是我们产品的消费者或用户？谁会受到它的影响？这些是解决方案需要支持的使用者。
- ❏ **影响**。影响描述了在我们业务目标背景中使用者所期望的成果。它回答了以下问题：我们的解决方案需要为使

⊖　有关净推荐值的更多信息，请参阅 https://www.netpromoter.com/know/。

⊖　译者注：净推荐值（Net Promoter Score，NPS），又称净促进者得分，亦可称口碑，是一种计量某个客户将会向其他人推荐某个企业或服务的可能性指数。它是最流行的顾客忠诚度分析指标，专注于顾客口碑如何影响企业成长。通过密切跟踪净推荐值，企业可以让自己更加成功。

用者做些什么？我们需要什么来帮助他们实现目标？这些是我们试图创造的影响。

❑ **可交付成果**。可交付成果回答了以下问题：作为一个组织或交付团队，我们可以做些什么来支持所需的影响？解决方案如何帮助使用者达到预期的结果？这些是解决方案需要提供的可交付成果、软件特性和组织活动。这些将成为或映射到高层级的 PBI。

产品负责人应该接受并描绘由他们自己与利益相关方共同创建的产品愿景。他们可以使用各种不同的技术，从简单的技术（如电梯演讲）到比较综合的技术（如商机画布）。[⊖]当产品负责人和团队的其他成员忽视产品目标时，产品待办事项列表可能会变得臃肿，过多的特性会使团队分散注意力并远离其业务目标。对于拥有众多利益相关者的大型组织而言，这是一个尤其显著的问题，团队可能面临的一项挑战是，如何阻止那些令人神往的"宠物"特性和创意进入产品待办事项列表。影响地图对 Nexus 中的每个人来说都是一个很好的方法，可以让他们了解和验证其工作对业务目标的价值。

4.1.1 梳理产品待办事项列表[⊖]

当 Scrum 团队和产品负责人查看影响地图时，一些问题会出现。一些来自不同的 Scrum 团队的 PBI 看起来像是

⊖ 有关商机画布技术的更多信息，请参阅 http://jpattonassociates.com/。

⊖ 梳理产品待办事项列表可以在 Nexus 中随时进行，而不仅仅是在计划 Sprint 时。由于它是 Sprint 计划的自然前导活动，因此我们在此介绍它，就好像它是 Sprint 计划过程的一部分。

相互重复的，所以他们将重复的条目组合在一起。在其他情况下，他们所拥有的一些 PBI 不会与影响相关联，因此这些 PBI 会被放到较低级别。同时还有一些内容与影响相关联却没有 PBI，因此会为这些内容创建 PBI。产品负责人对生成的清单进行排序，从而大家都认为他们对自己应该从事什么工作有了更清楚的了解。

或者，他们会想到，当团队讨论谁将从事什么工作时，他们很快意识到存在一个问题：几乎所有新的、合并的 PBI 都会跨越所有团队（如图 4-2 所示）。他们可以看到自己需要做什么来创建完整的产品，但他们还没有达到任何一个团队都可以从产品待办事项列表中获取工作的程度。

产品待办事项列表条目	设备团队	移动团队	Web/ 服务团队
1– 使用移动或 Web 设备响应门铃	✓	✓	✓
2– 通过 Web 或移动设备查看选定的安全摄像头	✓	✓	✓
3– 提醒移动设备或 Web 客户端门铃响了	✓	✓	✓
4– 提醒移动设备或 Web 客户端检测到移动	✓	✓	✓
5– 提醒多个移动设备或 Web 客户端		✓	✓
6– 提醒移动设备或 Web 客户端传感器电池电量不足	✓	✓	✓
7– 关闭 / 打开移动或 Web 客户端的提醒		✓	✓
8– 更新设备固件	✓		
9– 从 Web 或手机设置 / 管理设备	✓	✓	✓
10– 远程设备管理 API	✓		
11– 与外部安全系统集成	✓		

图 4-2　产品待办事项列表梳理之前，初始产品待办事项列表中
　　　显示的团队依赖关系

Nexus 开始意识到，产品待办事项列表中的许多条目都具有依赖关系，这使得产品开发成为一项复杂的多团队工作。他们需要将待办事项列表分解成单个团队可以处理的单独条目。他们需要在某种程度上做到至少在 Sprint 结束时生成单一的集成产品，这是最低的集成频度。否则，他们就会回到起点，也就是说他们只能处理各自的工作，而无法进行集成。

4.1.2 跨团队产品待办事项列表梳理

> 产品负责人和 Nexus 的其他人员一起梳理产品待办事项列表，为了最小化团队间的依赖关系，他们把较大的待办事项列表条目尽量分解。这是一个大型团队活动，他们这样做是为了确保能够掌握梳理待办事项列表条目所需的全部信息。对于某些条目而言，这意味着一个小组要走到角落里去讨论他们如何做到这一点。事实上，他们发现使用开放空间原则可以帮助他们自行组织这项工作。⊖

每当 Nexus 团队发现产品待办事项列表条目过大以至于无法由一个团队在一个 Sprint 内交付时，Nexus 中的团队就和产品负责人一起梳理产品待办事项列表，这种梳理工作在整个 Sprint 中根据需要持续发生。这个梳理工作与 Scrum 的梳理类似，包括为产品待办事项列表中的条目添加详细信息，做估算和调整顺序。⊖在 Nexus 中，梳理也意味着分解 PBI，从而最小

⊖ 有关更多在会议中运用开放空间（Open Space）实践的信息，请参阅 http://openspaceworld.org/wp2/。

⊖ http://www.scrumguides.org/scrum-guide.html#artifacts-productbacklog。

化团队间的依赖关系。

对于团队的梳理活动，既没有特定的时间盒要求，也没有要求必须在 Sprint 的某一特定时间完成。梳理的成果是某个待办事项列表条目的状态变为"就绪"，这意味着每个人都认同他们已经对该条目充分理解，可以将它包括在 Sprint 的范围里。在 Nexus 环境中，"就绪"包括识别和最小化依赖关系，以便该 PBI 尽可能由单个团队完成。

梳理活动通常发生在 Sprint 计划之前。当团队发现待办事项列表条目之间的隐性依赖关系时就可以进行梳理。为了有效地做到这一点，团队需要提前一些预见到哪些工作需要首先完成以解除对未来工作的约束。根据依赖关系的数量和复杂程度，所预见的时间长短在不同的 Nexus 会有所不同。相比只存在简单的单一依赖关系的 Nexus 而言，一个具有一长串依赖关系的 Nexus 需要预见得更远才行。案例研究团队已经选择了先提前看三个 Sprint，但是这方面并没有严格的规则，并且提前预见的 Sprint 数量会随着时间的推移而变化。

这种预见性观点并没有限制 Nexus 按照自身的需要频繁发布。如果他们能够提供有价值的东西，就可以持续发布，但这种预见性确实可以帮助团队在实际问题发生之前发现可能存在的跨团队协作问题。

在梳理过程中，Nexus 进行了足够的分析以了解、发现并最小化团队间的依赖关系。这通常会导致产品待办事项列表条目被"切片细分"。⊖团队知道，当 Scrum 团队可以在不与其他 Scrum 团队发生冲突的情况下开发这些条目时，他们就已经充分地梳理了 PBI。关键在于"预期"——对待办事项列表条目有足够的了解，以确保任何集成问题都能被发现，以便团队可以对其进行处理。

在梳理产品待办事项列表的同时，团队还获取 PBI 之间的依赖关系，以便他们可以知道团队将如何给工作进行排序。

最初的 PBI＃1-"使用移动设备或 Web 设备响应门铃"—已被分为两个较大的条目：一个条目是处理简单的按门铃操作，另一个条目则是通过内置麦克风/扬声器与访客交谈（实现简单对讲）。这样拆分的原因在于该产品尽管价格非常昂贵，即使没有其他作用，也应该能够作为门铃按钮使用。

所有团队成员一起合作来梳理 PBI，使其小到足以由一个团队在一个 Sprint 中完成。产品负责人还会给这些新的待办事项列表条目排序。如图 4-3，展示了产品待办事项列表梳理的结果。

⊖ 对 PBI 进行切片，从而减少规模和复杂度，以便适合于单个的 Sprint。关注这方面的更多信息，请参阅 Barry Overeem 关于故事切片的博客 http://www.barryovereem.com/the-story-slicing-workshop/。

产品待办事项列表条目	设备团队	移动团队	Web/ 服务团队
1– 提醒用户该门铃已被按响			
1.1– 创建提醒服务			✓
10– 从 Web 或手机设置 / 管理设备			
10.1– 远程设备设置 / 管理 API	✓		
9– 更新设备固件	✓		
5– 生成 #motionDetected 提醒	✓		
1– 提醒用户该门铃已被按响			
1.2– 回应按门铃（响铃，响应 #doorbellRung 提醒）	✓		
1.3– 检测 #doorbellRung 提醒事件，通知移动用户		✓	
2– 通过门铃扬声器与访客进行对话			
2.1– 通过通用客户端 API 进行双向语音对话	✓		
2.2– 通过移动设备上的通用客户端 API 进行双向语音对话		✓	
3– 通过 Web 或移动设备查看选定的安全摄像头			
3.1– 使用标准开源 API 传输视频	✓		
3.2– 使用标准开源 API 在移动设备上显示流媒体视频		✓	
3.3– 使用标准的开源 API 在网页浏览器中显示流媒体视频			✓
6– 提醒多个移动设备或 Web 客户端			✓
7– 生成 #sensorBatteryLow 事件	✓		
8– 关闭 / 打开移动或 Web 客户端的提醒			
8.1– 关闭 / 打开移动客户端的提醒		✓	
8.2– 关闭 / 打开 Web 客户端的提醒			✓
10– 从 Web 或手机设置 / 管理设备			
10.2– 从手机设置 / 管理设备		✓	
10.3– 从 Web 设置 / 管理设备			✓
11– 与外部安全系统集成			✓
1– 提醒用户该门铃已被按响			
1.4– 检测 #doorbellRung 提醒事件，通知 Web 用户			✓
2– 通过门铃扬声器与访客进行对话			
2.3– 通过通用客户端 API 在 Web 浏览器中进行双向语音对话			✓

图 4-3　经过梳理和排序之后的产品待办事项列表

4.1.3　产品待办事项列表条目依赖关系

产品负责人和来自 Scrum 团队的成员知晓这些存在跨团队依赖关系的 PBI，他们共同协作将大型、跨团队的 PBI 分解为团队可独立完成的、较小的待办事项列表条目。大多数条目间的依赖关系与团队成员拥有的不同技能有关，因此在短期内无法消除这些依赖关系。

最大的依赖关系是设备团队必须参与到每个待办事项列表条目，因为几乎每一个移动和 Web/ 服务团队需要做的事情都至少需要一个来自设备团队的 API。

他们简短地沟通之后，考虑退回一步，即对于移动和 Web/ 服务团队所需的所有 API 进行定义，但他们很快意识到，他们不太了解这些团队需要定义的 API 的内容，他们需要共同创建 API。但是，首先他们需要将 PBI 分解为更小块，以便团队可以更独立地工作。

不同的 PBI 可能有许多不同类型的依赖关系，这些类型包括以下几种：

- ❑ **人员依赖**。由于特定的人群拥有特定的技能或知识，依赖性通常会出现在他们周围。结果，工作变得受限于人员的可用性。例如，一个团队可能依赖于一个特定的人员，他可能是唯一具有数学背景的、可从事特定算法的人。
- ❑ **领域专业知识**。为不同业务领域开发解决方案可能需要完全不同的技能。开发病例管理应用程序与开发金融交易应用程序完全不同，与开发保险承保应用程序也完全不同。开发团队成员对业务领域的了解越多，他们的工作就会越有效。产品负责人不能成为业务领域知识的唯一来源，开发团队也需要了解业务知识。

❏ **技术专业知识**。与门铃、摄像头和运动传感器相关的待办事项列表条目，需要专业人员开发硬件和实时 / 嵌入式软件，以及处理异步事件。为不同的目标平台开发需要不同语言、平台和技术堆栈的知识。尽管存在跨平台工具，但有时候这些工具也无法提供足够的灵活性，用以应对特定平台的行为和特征。

❏ **组织授权**。有时候由于安全或隐私问题，只有某些开发人员能获得允许，可以接触代码的某些部分。这是领域专业知识约束的一个极端例子。例如，一个团队可能依赖于一个特定的人员，这个特定人员是唯一获得安全许可的人员，可以从事特定组件或代码特定部分的工作。

❏ **架构依赖**。组织有时候会强制使用特定的组件来执行特定的功能，而当他们这样做时，他们通常拥有开发和演进这些组件的组件团队。

❏ **外部依赖**。无论是商业企业还是开源项目，大多数组织会使用外部组件和服务。外部依赖是风险最大和最难解决的问题，因为团队对这些外部组织只有非常有限的控制，或者根本无法进行控制。

无论依赖关系的来源是什么，团队都需要以某种方式拆分 PBI，使 PBI 间的依赖关系最小化。然后，团队在计划或者减少解决依赖关系时，对待办事项列表条目进行排序。

4.1.4 可选实践：使用故事地图来了解功能和依赖关系

> 产品负责人感到，Nexus 仍然无法很好地处理第一次发布所需的内容，以获取他们需要的反馈。她决定使用名为"故事地图"的技术来形象地展示 PBI 如何帮助产品用户实现目标。"故事地图"对于帮助制定发布版本也很有用处。发布版本计划有助于团队计划他们的 Sprint。[⊖] 产品负责人和 Nexus 中的团队共同合作，生成如图 4-4 所示的故事地图。
>
> 该图证实，他们目前的产品待办事项列表将提供在有限的试用版中启动产品所需的最少功能，至少对于房主而言是如此。它还强调了他们在一段时间内直观了解到的内容：他们还不太了解安全服务公司需要什么来使产品在分销渠道中获得成功。他们需要找一个合作伙伴来帮助他们更好地了解这个市场。

用户故事地图是由 Jeff Patton 创建的一种技术，用于帮助团队了解人们如何使用产品实现预期结果。[⊖] 图 4-4 显示了故事地图如何用于叙述产品待办事项列表。随着产品待办事项列表的增长，团队很容易失去初始目标。故事地图将 PBI 放入场景中，以便每个人都能看到工作背后的目的。它还可以帮助团

⊖ 更多关于 Jeff Patton 所提出的故事地图方法的信息，请参阅 http://jpattonassociates.com/ wp-content/uploads/2015/03/story_mapping.pdf。

⊖ 有关用户故事地图的信息，请参阅 http://jpattonassociates.com/user-story-mapping/。

队将相关的 PBI 进行分组，以便他们可以看到计划决策对业务的影响。

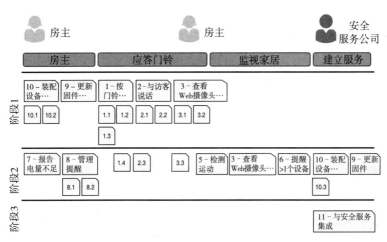

图 4-4　故事地图可以帮助团队了解产品如何随着时间的推移来满足用户需求。故事地图还可以帮助团队讲述产品的故事并提前计划

　　在这个例子中，Nexus 已经将他们的产品交付计划映射到三个不同的阶段。在每个阶段中，他们可能会有很多发布（实际上他们可以持续发布一些功能），但是阶段让他们以某种方式分解产品的功能，而这种方式可以帮助他们对未来的投资做出决策。例如，他们可能认为阶段 3 对于产品的成功而言并不是真正的必要条件，可能会将其放弃，从而将重点放在其他方面。

4.1.5　可选实践：使用跨团队梳理板来了解依赖关系

　　团队发现依赖关系并不容易，特别是随着产品待办事项列表的增大时。故事地图让 Nexus 深刻理解对客户最有价值的东西，但他们需要做一些额外的工作，然后 Scrum 团队才能知道他们应该从事什么工作。随着不断地梳理，他们发现简单的依赖标记不足以帮助他们理解跨团队的依赖关系。

为了让 Nexus 轻松查看其工作之间的关系并尽量减少跨团队依赖关系，它使用跨团队梳理板来可视化多个团队的跨多个 Sprint 的工作（如图 4-5 所示）。

依赖箭头是突出工作关系的一种方式。更多箭头表示受影响的依赖条目的数量较多，从而表示高风险。这种可视化有助于 Nexus 内的团队在下一个 Sprint 中识别工作的"关键路径"，并为关于如何消除或最小化这些依赖关系的影响而进行的对话提供了基础。⊖

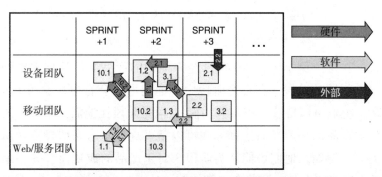

图 4-5　使用跨团队梳理板可视化依赖关系

有一些约定有助于传达依赖信息，包括以下内容：

❏ **水平箭头**表示同一团队内 PBI 之间的依赖关系。

⊖　有关在 Nexus 中开展跨团队梳理工作坊的详细信息，请参阅 https://www.scrum.org/resources/cross-team-refinement-nexus。

❑ **成角度的箭头**表示属于不同团队和不同 Sprint 的条目之间的依赖关系。

❑ **指向右侧的箭头**（水平或成角度）表示对将来要开展的条目有依赖性，必须排除这些条目。

❑ **垂直箭头**表示属于不同团队但在同一 Sprint 中的条目之间的依赖关系，这些都是有问题的，应尽可能避免。

❑ **指向左侧的箭头**（水平或成角度）表示没有问题，但如果工作延迟，它们可能会变得富有挑战。当具有引入依赖关系的条目延迟时，它会保留这些依赖关系，因此箭头可能最终变为垂直方向，或者甚至指向右侧（将来）。

依赖关系还在跨团队梳理板上被分为三种不同类型。

❑ **软件依赖关系**：通过重新定义工作，或在团队之间或 Sprint 之间移动，软件依赖关系最容易解决。

❑ **硬件依赖关系**：硬件依赖关系更具挑战性，因为硬件变更的前置时间可能为多个 Sprint，但这种依赖关系依然处于 Nexus 可以解决的能力范围之内。

❑ **外部依赖关系**：像供应商承诺或对组织其他部分的依赖性这样的外部依赖关系是最难解决的，因为移除它们可能完全超出了 Nexus 的控制范围。

　　Scrum 团队最初只拉动产品第一阶段所必需的工作，团队已经在故事地图中识别出这些工作。团队希望尽可能让他们的依赖关系更为明显，以便他们能够找出给工作排序的最

佳方式。他们使用依赖关系箭头，用箭头方向指出在某些 PBI 之前必须先交付哪些 PBI（例如，条目 10.1 必须在条目 10.2 之前交付）。

通过在梳理板上可视化工作及依赖关系，团队可以快速地确定设备团队和 Web/ 服务团队需要在 Nexus 进展之前完成的两项工作。他们决定首先拉动这些条目，并对在接下来的两个 Sprint 要完成的所有其他工作进行排序，尽可能多地依赖于这些条目。依赖箭头的方向在这里至关重要。

随着团队尝试在梳理板上的第 2 和第 3 个 Sprint 之间移动 PBI，箭头帮助他们了解这样做可能会如何影响其他工作。例如，如果设备团队无法在 Sprint 2 中完成 PBI 1.2 并将其挪到下一个 Sprint，则他们将在第 3 个 Sprint 中面临四个 Sprint 内的依赖项，而不仅仅是一个了。Nexus 真的希望避免这种情况，因为他们已经在第 3 个 Sprint 中面临了一个外部依赖。

当 Nexus 完成梳理时，每个人都会注意到一些有趣的事情。移动团队没有工作可以从第 1 个 Sprint 拉动，而 Web/ 服务团队在第 3 个 Sprint 中没有条目。他们考虑将团队结构改为特性团队，然而他们是感受到压力才着手这么做的，而且他们认为一旦进入未来的 Sprint，这种特性团队结构将会工作得更好。移动团队认为他们可以做的事情很多，他们可以在没有返工风险的情况下开始工作。

4.2　在 Nexus 中计划一个 Sprint

> 现在，他们已经有了经过梳理的、有序的产品待办事项列表，并对待办事项列表中存在多少工作有了一些了解。Nexus 已经准备好计划他们的下一个 Sprint。就像 Sprint 本身的工作一样，计划过程是迭代的，并需要一定的反复才能达成适用于所有团队的 Nexus Sprint 待办事项列表。

图 4-6 为他们将遵循的过程提供了一个很好的概述。除了梳理（和给出规模大小）的产品待办事项列表和每个 Scrum 团队的容量之外，团队还需要考虑产品的当前状态。产品稳定吗？有问题被推迟了吗？团队是否推迟了问题并创造了技术债务？这些团队还需要清晰地聚焦在 Sprint 上，他们需要一个 Nexus 目标。

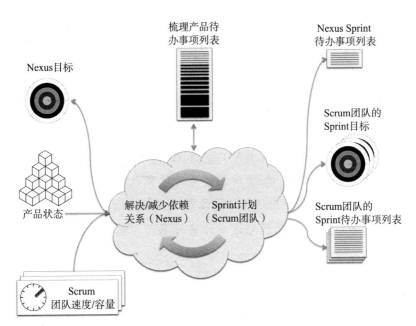

图 4-6　Nexus 中的 Sprint 计划一览

4.2.1 建立 Nexus 目标

> 产品负责人希望聚焦在得到一个可工作的产品，将其提供给测试市场中的一小部分客户，以便获得关于他们如何使用产品的反馈。虽然她对产品的总体方向有信心，但有很多问题她本人也没有答案，只能猜测。如果她和团队做了错误的判断和决定，会面临市场失败的巨大风险。

Nexus 目标是当前 Sprint 的目标。Nexus 是否成功取决于它是否能在 Sprint 期间完成 Nexus 目标，并且一次只能工作在一个 Nexus 目标上。在这种情况下，如果 Nexus 有一个可行的产品可以在 Sprint 中间向目标市场客户发布，他们就应该这样做，没有必要非等到 Sprint 结束时再发布。

4.2.2 估算和按规模大小排列产品待办事项列表条目

> 单靠依赖关系往往不足以让 Nexus 计划其下一个 Sprint，也需要知道它可以达到的合理目标。做到这一点很困难，因为最近 Scrum 团队的生产力不高，计划总是靠猜测。其中一位团队成员指出，业内甚至还有越来越多的 # 无估算（#noestimates）运动，那为什么我们还需要进行估算呢？⊖ 管理层使用任何估算值来对 Nexus 进行微观管理或做出不适当的基于假定速度的交付承诺，都会存在很大的风险。

⊖ Woody Zuill 在 https://vimeo.com/131194136 对支持和反对 # 无估算的相关争论进行了精彩的总结。

关于 # 无估算的讨论很活跃，每个人都同意他们不希望管理层使用估算来跟踪进度或设定交付期望。尽管如此，他们还是需要了解哪些 PBI 对于单个团队而言太大以至于无法在单个 Sprint 中进行开发。这些信息将要被进一步梳理，然后才能开展工作。团队的目标不是变得擅长预测他们的速度，而是在一个 Sprint 中只完成他们可以完成的、合理的工作目标，以免在 Sprint 结束时留下半成品。

Nexus 将 PBI 按相对规模聚集在一起并进行开发（如图 4-7 所示）。他们同意这只是为了做 Sprint 计划而使用的一个辅助工具，以便了解团队和 Nexus 作为一个整体可以完成哪些工作。这些信息不会在 Nexus 之外共享。

1	2	3	5	8	13	21
1.2	6	9	2.1	1.1		11
1.3	8.1	10.2	2.2	10.1		
7	8.2	10.3	3.1			
1.4			3.2			
5			3.3			
			2.3			

图 4-7　相对规模估算有助于团队衡量其完成 PBI 的容量

这些数字仅代表相对大小，因此 "5" 比 "1" 大 5 倍。在最上端，"21" 仅仅意味着 "真的真的很大"，并且排在这一列中的条目绝对需要更多的梳理。"5"和"8"两列中的条目则可能还需要进一步梳理。

在实践中，并非所有的 PBI 都需要估算出规模大小。而且实际上大多数团队不会费心去给那些他们确定可以在单个 Sprint 中交付的条目估算规模。粗略的规模估算可以帮助他们来确定如果有容量从事一个以上的条目，他们可以承担多少个条目。关于规模估算最重要的事情是，它永远不应该被用来为团队设定目标或进行团队间的比较，它唯一有用的目的是了解一个 PBI 对于团队来说是否太大以至于无法在一个 Sprint 中交付，从而这个 PBI 需要被分解。

除非是有助于两个团队之间进行讨论，以决定其中一个团队是否可能承担另一个团队无法完成的工作，否则标准化的跨团队规模估算没有太大价值。出于希望进行团队比较或预测生产力而导致的估算标准化通常会适得其反，并导致操纵估算使其看起来更好。这会损害透明性并且不利于生产力提升。希望提高团队生产力的经理应该专注于消除提高生产力的障碍。

4.2.3 可选实践：将产品待办事项列表条目与价值交付互相关联

当 Nexus 必须实现多个 PBI 才能让客户或用户充分认识到 PBI 的价值时，他们可以将待办事项列表条目分组，并将其添加到如图 4-7 所示的展示板中，分组方式如图 4-8 所示。这些行表示相关的 PBI，而成果栏则描述了 Nexus 在交付所有相关的 PBI 时的预期成果。团队会假设交付 PBI 后给客户或用户带来的成果,度量栏描述了 Nexus 将如何度量以证明这些假设是否被实现。

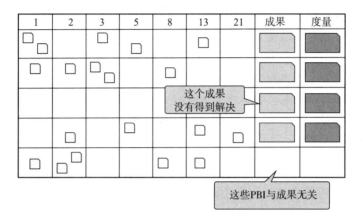

图 4-8 将 PBI 与成果和度量联系起来有助于发现差距

这与图 4-1 所示的影响地图类似,并且具有类似的目的。当产品待办事项列表尚未形成或做得不靠谱时,影响地图很有用,因为它提供了更广泛的用户和业务目标视图。一旦 PBI 已经得到完善,图 4-8 将有所帮助,以确保团队没有对成果失去追踪,并确保每个成果都能被度量。

4.2.4 构建 Nexus Sprint 待办事项列表和 Scrum 团队待办事项列表

团队基于已完成的工作创建 Nexus Sprint 待办事项列表(如图 4-9 所示)。这些已完成的工作包括创建故事地图(如

> 图 4-4 所示)、跨团队依赖关系板(如图 4-5 所示),梳理产品待办事项列表(如图 4-3 所示)和调整规模(如图 4-7 所示)。Nexus Sprint 待办事项列表仅包含预测的 PBI,但不包含每个团队为完成 PBI 所需完成的任务。每个团队将 Sprint 期间他们的容量估算为 10 个点。
>
> 每个 Scrum 团队都会为其预测的 PBI 创建自己的 Sprint 待办事项列表,并在这些 Sprint 待办事项列表中定义他们需要完成的任务。

虽然 NIT 对 Nexus Sprint 待办事项列表负责,但在这里的例子中实际上是 Scrum 团队完成了创建 Nexus Sprint 待办事项列表的工作。Nexus Sprint 待办事项列表是跨团队依赖关系板的演进,有些团队更喜欢简单地使用同一个展示板来描述两者。在图 4-9 的示例中,展示的 Nexus Sprint 待办事项列表提供了更多信息,可以帮助团队可视化 Sprint 期间的工作状态,从而帮助他们预测并对受阻的工作做出反应。

这张图与前面的图 4-5 中显示的跨团队依赖关系板类似,但是它显示了当前 Sprint 的工作,并为 PBI 添加了信息(包括就绪、受阻、进行中,或是已完成)。它用相互重叠的卡片而非箭头来表示跨团队依赖关系。

- ❑ 将一张卡片放在一个 PBI 的左下角,以表明它必须在另一个 PBI 之前完成。
- ❑ 一张重叠的卡片被放在一个 PBI 的右下角,以指明另一个 PBI 依赖于此 PBI。

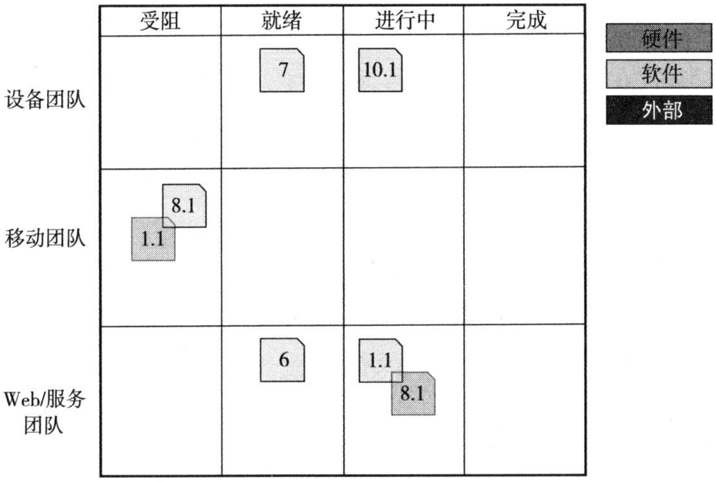

	受阻	就绪	进行中	完成
设备团队		7	10.1	
移动团队	8.1 1.1			
Web/服务团队		6	1.1 8.1	

硬件
软件
外部

图 4-9　Nexus 使用 Nexus Sprint 待办事项列表来管理工作流

因此，在图 4-9 中，Web/ 服务团队完成 PBI 1.1 将解锁移动团队在 PBI 8.1 上的工作能力，从而开始开发 PBI 8.1。因为一个团队需要由另一个团队开发的 API，图 4-9 显示出条目 1.1 和 8.1 被标记为软件依赖关系。在 Nexus Sprint 待办事项列表中显示依赖关系有助于团队很容易地了解跨团队依赖关系的当前状态。

当 Nexus 计划 Sprint 时发现他们担心如何划分团队之间的工作，这种担心是正确的。无论他们做什么，以目前的团队结构来看，移动团队在当前的 Sprint 中都没有足够的工作做。他们考虑改变团队结构，但他们觉得着手这件事的压力很大，而且他们还没有准备好来实现特性团队的结构，因为特性团队需要每个团队都能够完成硬件、移动和 Web 工作。

> 为了实现这一目标，他们决定让移动团队的成员与第 1
> 个 Sprint 的设备团队成员和 Web/ 服务团队结对，以提高团
> 队成员代码知识的广度和深度。在第 1 个 Sprint 之后，他们
> 将决定如何解决团队结构问题。

现在他们已经制定了一个 Sprint 计划（Nexus Sprint 待办事项列表和各个团队 Sprint 待办事项列表），Nexus 已经准备好开始它的 Sprint。这个旅程将在第 5 章继续进行。

Sprint 计划需要多长时间

Nexus 在案例研究中用于计划其 Sprint 的不同技术可能会让一些人想到：“哇，计划一个 Sprint 有这么多工作要做！”对于为期 1 个月的 Sprint，Scrum 指南将 Sprint 计划的时间盒设置为最多 8 小时，而更短时间的 Sprint 则只要更少的时间。为了适用于所有其他 Nexus 事件，Nexus Sprint 计划也应该花费类似的时间，尽管实际情况中，Nexus Sprint 计划的时间会根据不同情况而定。如果一个 Nexus 的 Nexus Sprint Planning 需要的时间超过 1 天，那么这是一个检视、调整和改进的机会。

案例研究中的 Nexus 需要做很多工作才能将多个产品待办事项列表合并到一个产品待办列表中，并梳理产品待办事项列表。现在他们的产品待办事项列表状态良好，他们应该能够不断完善产品待办事项列表，并且他们的 Sprint 计划将更加容易。让第一个 Sprint 计划更难的另一件事是必须理解和可视化多个 Sprint 间的依赖关系。当他们计划下一个

Sprint 时，他们不必完成所有这些工作，并且他们可以比上一次更简单地查看一个 Sprint。

团队到底需要向前看多远？这取决于跨团队依赖关系的数量和复杂性。如果 Scrum 团队只有很少的依赖关系，则可能只需要提前看下一个 Sprint，对那些非常复杂的依赖关系则可能需要看未来两个 Sprint。Scrum 团队越能将 PBI 细化使其变得小而独立，就越不太需要预测未来的工作。

4.3 结束语

Nexus Sprint 计划和 Sprint 计划在 Scrum 中最大的区别在于，在 Nexus 中计划还必须考虑跨团队依赖关系。产品待办事项列表梳理在 Scrum 中是可选的，在 Nexus 中变得至关重要，以确保依赖关系最小化。因为有时跨团队依赖关系在一开始并不明显，所以计划活动也会迭代式进行。

当计划完成后，我们现在将看到这个计划会带来的挑战，让我们继续讨论第 5 章。

第 5 章 Chapter 5

在 Nexus 中运行 Sprint

对于习惯使用 Scrum 的团队来说，Nexus 的日常节奏并没有太大改变。每个团队仍然有 Scrum 每日站会，当遇到需要其他团队帮助的问题时，现在会有一个 Nexus 每日 Scrum 站会来帮助他们提出并解决问题。Nexus 产生一个集成增量，就像在 Scrum 中一样。在 Sprint 的最后，设有针对整个 Nexus 的 Nexus Sprint 评审会。他们还为整个 Nexus 举行 Sprint 回顾会，每个团队还会有单独的 Sprint 回顾会（如图 5-1 所示）。

5.1 Nexus 每日 Scrum 站会

在 Sprint 计划会后的第一天，每个团队的代表都会聚集在一起举行 Nexus 每日 Scrum 站会，讨论可能会阻碍 Scrum 团队在 Nexus 目标和 Nexus Sprint 待办事项列表项方面取得进展的跨团队集成问题。

如果不确定派谁去参加 Nexus 每日 Scrum 站会，每个团队就会派 Scrum Master 参加，但他们立即发现一个问题：Scrum Master 不是讨论他们遇到的初始集成问题的合适人选，这个问题是如何建立一个持续集成过程，即不管什么时候开发人员提交代码，都能够做代码集成。

过去，每个团队都有自己的构建过程，但作为 Nexus，他们认定这会延误集成时间太久。Scrum Master 参加 Nexus 每日 Scrum 站会能够很快意识到这一点，并回到他们的团队，邀请最了解持续集成的开发人员参加 Nexus 每日 Scrum 站会。

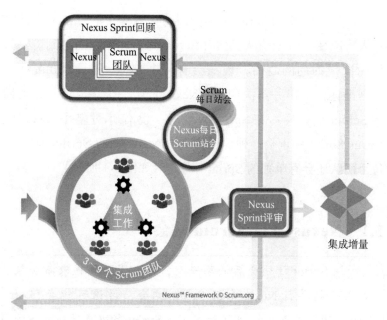

图 5-1　Nexus 仍然是 Scrum，它只是调整了一些事件

这说明了一个重要的观点：参加 Nexus 每日 Scrum 站会的合适人选可能会变化，具体取决于 Scrum 团队遇到什么样的集成问题。合适的人选是将要着手解决 Nexus 当天面临的跨团队问题的人员，或对解决该问题提供帮助的人员。Nexus 每日 Scrum 站会不是一个"管理"会议，管理会议中往往只进行议题讨论和工作委派。

> 随着参加站会人员的正确调整，他们意识到建立持续集成环境的工作确实需要添加到产品待办事项列表中。这是真正的工作，它会影响所有的团队，它的状态应该是透明的。产品负责人同意了，他们就加进去了。他们会简要讨论增加这项工作是否会让 Nexus 目标面临风险；完全自动化的持续集成可能需要付出很大的努力才能实现。
>
> 他们同意不需要全面的持续集成解决方案，现在只需要一个共同的构建和单元测试功能。他们将产品待办事项列表项细化为几个较小的项，这样就可以首先关注基本的部分，以后再进行一系列逐步改进。现在，有一个共同的基于主干的分支策略、共同的构建和测试环境将有助于团队及早发现问题。
>
> 参加站会的各团队代表同意他们将在当天一起工作，来合并存储库并开始使用公共的构建服务器。无论如何，今天不会有大量的代码构建工作，所以现在是做出改变的好时机。带着这些达成一致的意见，他们返回各自的团队参加自己团队的 Scrum 每日站会。⊖

⊖　有关 Scrum 每日站会的更多信息，请参阅文章 https://dzone.com/articles/scrum-myths-daily-scrum-is-astatus-meeting。

这说明了一些重要的观点：Nexus 每日 Scrum 站会使跨团队集成的挑战透明化，使 Scrum 团队可以就如何应对挑战做出正确的决定。如果问题在 Scrum 团队职权范围内能够解决，他们就自己解决。如果情况并非如此，NIT 的 Scrum Master 将支持团队通过接触组织的其他部分，如运营或安全，以得到帮助。如果还是得不到解决，Scrum Master 会将问题升级报告至高管发起人。但最终，团队本身是解决这个问题的责任人。

Nexus 每日 Scrum 站会的目的是使集成问题透明化，但这些问题需要由 Scrum 团队共同解决，而不是让 NIT 解决 Scrum 团队的问题。在这一点上，案例研究中的确如此，并且通常都是这样，NIT 的成员往往也是 Scrum 团队的成员。

第二点需要注意的是，Nexus 每日 Scrum 站会在 Nexus 中 Scrum 团队的 Scrum 每日站会之前。这与典型的 Scrum of Scrums 的顺序相反，在典型的 Scrum of Scrums 中，每个 Scrum 团队的 Scrum Master 在各自团队的 Scrum 每日站会后聚集在一起协调工作。

原因在于，当 Nexus 每日 Scrum 站会暴露出集成问题时，Scrum 团队通常会计划处理与集成问题出现之前不同的事情。如果他们要先计划自己的日常工作，然后再进行 Nexus 每日 Scrum 站会，因为需要解决一些更重要的集成问题，他们各自的计划可能会浪费。Nexus 每日 Scrum 站会通过提供跨团队透明性帮助整个 Nexus 进行检视和调整。

对于跨团队集成来说，Nexus 每日 Scrum 站会有时会产生一个挑战，即当天的集成工作并未对所有团队成员可视化时，大家不知道谁应该参加站会。通常这很快就会通过简短的讨论来解决，以确保合适的人员能够参加。

> 第二天，Nexus 每日 Scrum 站会出现了另一个问题：Web/ 服务团队需要从其他团队了解他们将把什么类型的信息传递给提醒服务，以及他们需要从服务中获得什么样的信息。他们同意在 Nexus 每日 Scrum 站会中立即召开工作会议，勾画出他们需要的提醒类型以及传递的信息类型。这将使每个团队中的少数成员至少在一天中的部分时间内离开原计划的工作来讨论问题，从而可以随后在团队级别的 Scrum 每日站会中调整计划。

以上说明了 Nexus 每日 Scrum 站会如何通过提供每日检查点来处理已出现的集成问题，以及为什么帮助团队首先关注集成问题就可以使团队级 Scrum 每日站会自然地遵循 Nexus 每日 Scrum 站会。如果团队不能立即解决跨团队的依赖关系，那么就会延迟集成工作，可能会导致精力浪费或风险增加。

5.2 在 Nexus 内部和外部提供透明性

> 风险投资者，以及其他类型的投资者，有兴趣知道他们的投资是否能够获得回报。他们希望能够得到以下三个重要问题的答案。
>
> 1. 事情进展如何？
> 2. Nexus 正在做什么？
> 3. 优先级改变了吗？

为了帮助回答这些问题，Nexus 决定引入一种简单的机制来提高透明性。其中一位 Scrum 团队成员从刚刚结束的一个研讨会中学习到了产品待办事项列表"树形图"概念（如图 5-2 所示）。Nexus 的其他成员对这种形式非常感兴趣，并决定尝试了解更多的信息。

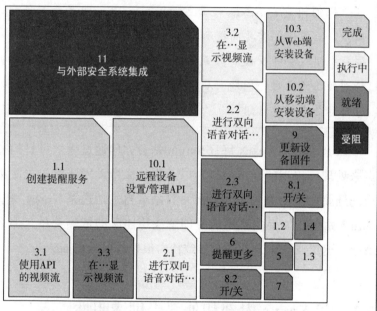

图 5-2　产品待办事项列表树形图，如此 Sprint 3 所示，可显示产品待办事项列表条目的相对规模和完整性

通过这一点点工作，他们意识到可以通过一个安全的产品状态网站，向利益相关者提供产品待办事项列表本身的链接，以便任何人深入了解更多细节。产品负责人同意在团队完成产品待办事项列表项后立即更新产品待办事项列表树形图。

> 他们还集体决定，构建过程的状态是代码健康的重要指标。这对于外部利益相关者来说是过于细节了，但他们希望团队中的每个人都能看到它，因此他们为团队创建了一个单独的网页。NIT 成员同意接受这项工作来帮助所有的 Scrum 团队。

这说明了 NIT（其成员通常也是 Nexus 中 Scrum 团队的成员）的一些重要方面：当整个 Nexus 需要帮助时，他们可以齐心协力并开展工作。

这意味着在这种情况下，NIT 成员将减少他们在 Scrum 团队中工作在 PBI 上的时间，以做一些有益于 Nexus 的工作。他们得到了开发团队的同意，认为这项工作是一件好事，所以其他团队成员要么选择帮忙承担一部分工作，要么同意减少他们对 Sprint 的预测承诺。最终，无论在 Nexus 里是谁做这项工作，Nexus 都必须能够为投资者和利益相关者回答这些问题。

5.2.1　可选实践：产品待办事项列表树形图

产品待办事项列表树形图有助于可视化 PBI 的规模大小 / 复杂度和完整度。⊖图中框的大小代表 PBI 的规模，灰度用来表示完整度，较深的灰度代表更完整的工作。它提供了一个对工作"完成"程度的快速概览，让人一目了然。

⊖　有关产品待办事项列表树形图的更多信息，请参阅 https://www.mountaingoatsoftware.com/blog/visualizing-a-large-product-backlog-with-a-treemap。

这种可视化比简单的优先及列表格式的产品待办事项列表更容易理解（与图 4-3 相比）。其中有一个不足是树形图缺少优先级，但是可以通过展示正在进行的工作和工作的完成度来弥补这一缺陷。利益相关者可以听从产品负责人的意见，确保优先顺序。

5.2.2 可选实践：可视化产品待办事项列表燃尽图和速度

产品待办事项列表燃尽图也经常用于显示进度，通常配合速度或每个 Sprint 中交付的"点数"（事先估算）一起展示。虽然图表相对直观，但有时会令人困惑，例如添加大量 PBI 时，导致"燃尽"的趋势反转，如图 5-3 所示，第一次 Sprint 评审揭示了产品负责人最初错过的功能，但在 Sprint 评审中向潜在客户展示产品时发现了这些功能。

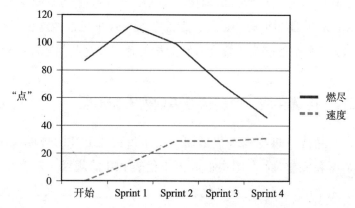

图 5-3　燃尽 – 速度图，显示剩余工作量（燃尽）和完成工作量（速度）

产品待办事项列表燃尽图限制其实用性的问题在于，真正描绘的燃尽趋势需要对所有 PBI 进行估算，这很少见，因为估算会分散我们完成工作的注意力，并且估算也仅仅是猜测。另一个问题不在于图表，而在于它有时会被滥用，Scrum 团队之外的人员有时会使用这些信息来做绩效管理，而不是将其作为讨论的起点。

此外，速度和燃尽图，以及树形图，需要 PBI 估算标准化。决定使用这些技术的团队需要在提供透明性的价值和估算标准化的额外成本之间取得平衡。在这个问题上，没有理想的答案，团队只能通过自己做实验并做出各自的决定。

对可视化进行多大程度的计划是足够的呢

能够让利益相关者觉得比较安心的可视化程度，一般取决于 Scrum 团队赢得了多少信任，涉及多少钱，以及该计划是否已获得资助。一个未经证实的团队通常必须为他们的说法提供大量的信息作为支撑，如产品的成本以及何时可以发布。在获得资助后，他们仍将受到利益相关者的密切关注，以确保他们的估算（投资资金按此计算）是准确的。在他们发布一些东西之前，他们将不会有太多的可信度。

相反，赢得利益相关者信任的团队可以通过相对较少的计划来获得：他们只要能够确保可用投入的资金和时间，交付一些有价值的东西就足够了。一旦该举措获得资助，他们只需提供合理的保证，表明他们的发布是按计划进行的。通常当前的 Nexus Sprint 待办事项列表和下几个 Sprint 的粗略草图就已经足够了（如图 5-4 所示）。

经验教训很简单：通过提供价值获得信任的团队不必花费太多时间，就可以向利益相关者保证事情进展顺利——只要他们的结果透明并且结果显示在稳步发展。

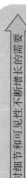

没有信任，没有资金的新举措	• 团队显示了不信任的原因 • 详细说明所有库存并建立发布的信任
没有历史，没有资金的新举措	• 团队尚未赢得信任 • 详细说明库存有多大的可能性能够符合初始计划
有信任和历史，没有资金的新举措	• 团队通过历史证明获得了信任 • 根据历史记录详细说明库存水平以进行估算
有信任、有历史，有资金的新举措	• 团队通过历史证明获得了信任 • 详细列出卜几个Sprint的库存

图 5-4　如果团队赢得了信任并且有良好的记录，那么他们提前
　　　　做的计划就不用太多

5.3　Nexus Sprint 评审

　　产品负责人在整个 Sprint 中一直与 Scrum 团队合作，查看已完成的 PBI 并验证 Nexus 已经产生的集成产品增量是否真正完成。尽管如此，Nexus Sprint 评审仍然有助于提供产品整体状态的快照。这也是一个邀请部分投资者查看 Nexus 在推出适销产品方面取得良好进展的机会。Nexus 的所有成员都会参加，因为这是他们听取人们对他们首次集成增量看法的机会。

　　由于这只是第一个 Sprint，所以产品的状态相当简陋。远程设备配置目前通过 API 完成，但开发团队开发的 API 测试显示了如何通过 API 管理设备。

　　提醒服务也相当简陋，但其中一位开发人员已经做了演示，演示了提醒是如何发出的，在这种情况下，通过模拟有人按门铃，触发提醒，然后将提醒广播到他的移动设备。虽然演示的形式并不花哨，而且没有视频或音频，只是门铃响起的文字提示，但每个人都对进展感到高兴，包括投资者。

投资者就市场需求（由市场研究得出）和潜在竞争对手提出了自己的看法。这引起了关于门铃/摄像头设备的讨论：Nexus 一直在使用的原型相当笨拙，并且每个人都认为他们需要一些小巧、时尚、现代的外观，同时又要低调，才会让产品在市场中取得成功。

投资者表示，他们过去与一家离岸公司合作过，他们以极低的成本大批量提供高质量定制微电子产品。硬件团队同意这可能是他们应该调查的一个好选择。他们已经考虑将制造业务外包出去，让制造商早日参与设计过程，避免以后出现问题。

Nexus Sprint 评审取代了单个 Scrum 团队 Sprint 评审，并且 Nexus 中的每个人都需要参加，任何感兴趣的外部利益相关者也都可以参加，甚至可能会邀请潜在客户或用户参加。邀请这么多人是很有挑战的，尤其是并非每个人都在同一地点时。另外，在 Sprint 期间有多个团队参与其中，评审所有完成的工作并不现实。

整个 Nexus 都会参加 Nexus Sprint 评审。这是他们展示所取得成果的机会，并可从利益相关者和其他各方获得反馈，广泛分享信息并进行学习。这种评审不仅仅是演示。

5.3.1　可选实践：使用"博览会"形式进行 Nexus Sprint 评审

在"博览会"（或"科学展览会"）形式中，所有的 Scrum

团队和评审参与者聚集在一个大房间内。Scrum 团队会建立许多独立的工作站，展示他们在 Sprint 期间完成的不同方面。在我们的案例研究中，如果要展示更多内容，他们可以用一台工作站展示移动应用程序，另一台用于展示 Web 应用程序，第三台用于展示物理设备。按虚拟角色组织工作站，可以更容易地了解不同类型的人将如何使用该产品，从而产生更有针对性的反馈。

5.3.2 可选实践：使用离线评审技术进行 Nexus Sprint 评审

离线 Sprint 评审，包括 Nexus Sprint 评审，在由于时间安排冲突或因为位于远离 Sprint 评审所在地而无法参加 Sprint 评审的情况下非常有用。

有几种技术可以用来提高远程参与者的参与度。

❏ **录制演示过程以供回放**。可以使用各种技术录制演示，以显示屏幕交互，由主持人讲述以提供上下文。准备演示视频也是驱动测试的好方法，因为它会迫使开发人员创建和测试端到端的故事。录制演示视频的一大缺点是缺少来自利益相关者对 Nexus 的直接反馈。

❏ **在 Sprint 评审前传阅视频**。提前分享这些信息可以在 Sprint 评审之前提供有用的反馈，这可能有助于进行改进，并且可能会激励利益相关者花时间参加面对面的 Sprint 评审。

❏ **保持视频简短**。对于一个特定功能，一两分钟就足够保证遵守对利益相关者时间的承诺。

❑ **为远程参与者提供反馈意见的方式，并向他们更新我们将采取的行动**。他们知道自己的意见真的能够起作用，会促使利益相关者在未来更有动力参与进来，无论是远程还是面对面。

没有单一的"最佳"Nexus Sprint 评审实践。其他流行的技术包括开放空间和世界咖啡。将不同的技术混合起来有助于保持评审的新鲜感。一个接一个的 Sprint 都使用相同的方法会让人觉得疲惫，利益相关者可能会失去兴趣。重要的是让人们提供反馈意见，并让评审不会使人觉得很像"阶段 – 门限审批"的流程。

> 根据 Nexus Sprint 评审的反馈结果，产品负责人对产品待办事项列表进行了调整。她添加了一个 PBI 用于开发和交付门铃设备，既满足客户的审美要求，又能达成公司的盈利目标以及安全和可靠性目标。

5.4　Nexus Sprint 回顾

回顾有两个目的：认可 Scrum 团队已经使用的成功实践，以及帮助他们找到可以改进的方法。第一部分很重要，但经常被人遗忘，而好的 Scrum Master 会帮助他们的团队，在团队自己忘记这样做的时候找到一些庆祝的理由。第二部分，寻找改进的方法，更容易同时又更困难：更容易是因为找到缺点对于很多人来说是很自然的，更困难是因为找到改进的方法需要深思熟虑的分析和刻意的行动。

Nexus Sprint 回顾流程有三个部分，如图 5-5 所示。

图 5-5　Nexus Sprint 回顾过程

1. 来自各个 Scrum 团队的相应成员，大家面对面地讨论以确定影响多个团队的问题。

2. 每个 Scrum 团队都会举行自己的回顾会，反思作为一个团队大家工作得怎么样。讨论包括 Nexus Sprint 回顾会中提出的跨团队问题。

3. 然后各个 Scrum 团队的相应成员再聚到一起。在每个团队完成其自己的 Sprint 回顾会后，NIT 会查看合并的结果，以寻找共同主题并确定需要采取的行动。

因为经常会存在一些团队规模化的障碍，所以每个回顾应解决以下问题：

❑ 他们是否达成了 Nexus 目标？如果没有，为什么？

❑ 是否有任何工作尚未完成？ Nexus 是否产生了技术债务？

❑ 是否所有的工件，尤其是代码，屡次（理想情况是持续的）成功地进行了集成？

❑ 是否软件成功地构建、测试和部署足够频繁，以防止未解决的依赖大量堆积？

当发现问题时，参与回顾的各团队代表需要问以下问题：

❑ 为什么会发生这种情况？
❑ 问题如何解决？
❑ 如何防止复发？

> 在 Nexus Sprint 评审会之后，Scrum 团队成员开展了 Nexus 回顾会，他们对团队面临的集成挑战有深入了解，会重点关注跨团队集成问题，该会议由 Nexus Scrum Master 引导。会上，参与者分享了他们认为 Scrum 团队需要更深入考虑的问题。出现了几个主题：让一个团队负责所有公用服务似乎正在成为其他团队的瓶颈，让团队负责组件似乎也造成了类似的问题。

在最初的 Nexus Sprint 回顾会结束后，Nexus 中的每个 Scrum 团队都进行了自己的 Scrum Sprint 回顾。团队关注的是影响他们的问题，以及 Nexus Sprint 回顾第一部分提出的跨团队和集成问题。这种方式可以支持自下而上的信息汇总，使离工作最近的团队能够提出可能影响每个人的改进建议。通常情况下，Scrum 团队将使用类似于图 5-6 的回顾板，任何团队成员都可以将注释张贴到回顾板的任何区域。

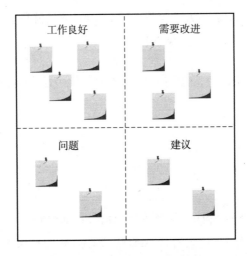

图 5-6　简单的 Sprint 回顾板

　　讨论的结果是他们可以采取的一系列行动，以及实施仅影响自己团队行动的计划。对于只影响一个团队的改进，整个 Nexus Sprint 回顾的这一部分就像 Scrum 一样。

　　在每个团队完成其自己的 Sprint 回顾会之后，NIT 将重新聚集在一起，进行 Nexus Sprint 回顾的最后部分。他们希望在跨团队问题上巩固他们的发现，寻找共同的主题。

　　在"工作良好"类别中，他们发现 Nexus 每日 Scrum 站会对于发现跨团队问题很有用。他们还发现，跨团队依赖分析帮助他们更有效地计划了 Sprint。他们认为与移动团队成员的结对工作有助于大家更广泛地了解该产品的这一部分，并且他们能够更有效地在 Nexus 上扩展工作。他们还发现，持续集成过程运行良好，尽管更多的测试需要自动化。

在"需要改进"类别中，他们意识到如果由一个团队负责所有的服务，将会造成瓶颈。他们已经看到服务需求的增长超过了任何一个团队能做出反应的范围。他们认为该是转向"特性团队"模式的时候了。[⊖]

他们都同意需要一种更好的方式，以协调的方式在网络、移动设备和设备平台上进行部署，无论是新版本还是补丁，既可以用于测试，也可以交付产品发货后的真实客户。最后他们决定需要更好的方式来分享团队之间的知识和经验。

在"建议"类别中，他们知道需要更好地进行自动化测试。在"问题"类别中，他们需要就如何进一步调查外包风险投资公司的硬件提供一些帮助。

他们将这些信息放在回顾板上，也可以将其留在一个团队房间的白板上（如图 5-7 所示）。

当他们开始最终的 Nexus 回顾会议时，一切都从"计划"栏开始。改进想法必须进行讨论。他们一边做，一边决定一定要转移到特性团队，所以他们将该卡移动到"执行"栏。改进持续交付流程和工具以及探索外包设备设计和制造也是如此。

⊖　在"特性团队"模式中，任何团队都可以在任何 PBI 上工作，实际上这可能是也可能不是一个特性。有关特性团队的长篇和热烈讨论，请参阅 https://www.scrum.org/forum/scrum-forum/5563/feature-teams-vs-component-teams。

他们认为这是他们所能做的一切。他们感到转向特性团队很重要，但他们决定先在 Web/ 服务和移动团队进行尝试。这两个团队已经在朝着这个方向前进，他们决定在下一个 Sprint 中进一步推动实验。讨论结束后，他们将离开回顾板，但任何人随时都可以回到回顾板前，向"计划"栏中增加卡片。

计划	执行	检视/研究	调整	完成
改进知识共享	探索使用外包设备开发和生产。(成功=供应商展示他们满足了设计、开发和生产要求)			
	改进持续交付流程+工具。(成功=任何团队都可以将服务部署到任何平台)			
	将Web服务团队和移动团队重组为两个特性团队。(成功=任何团队都可以在UI或服务的PBI上工作)			
有待讨论和可能研究的改进思路	Nexus已经同意做的事情	已经准备就绪待Nexus评估的事情	已经完成评估，但在准备采用之前需要加以调整的事情。	已经落实的改进意见

图 5-7　计划 – 执行 – 检视 – 调整 Sprint 回顾板

随着项目完成，这些卡片将被移入检查 / 研究列，届时

Nexus 将决定是否可以采取改进措施或需要进行调整。一旦完成，卡片将被转移到"完成"列或从板上移除。⊖当 Nexus 计划下一个 Sprint 时，将需要在估计容量时，考虑进行改进所需的时间。

随着 Nexus 回顾的结束，他们对下一个 Sprint 中如何进行改进做出了计划，这将在第 6 章中继续讨论。

5.5　结束语

透明性在 Scrum 中更容易实现，因为团队成员之间的协作会自然而然地暴露许多问题，Scrum 每日站会有助于暴露那些不会自己浮现的问题。当需要很多团队合作时，暴露跨团队的问题变得更加困难，因为除非故意揭露，否则问题可能会长时间隐藏。Nexus 每日 Scrum 站会的时间安排在团队 Scrum 每日站会之前，有助于将跨团队的问题彻底解决。

为利益相关者提供透明性也更具挑战性。即使是产品负责人也可能很难完全了解 Nexus 中所有团队在任何特定时间的具体工作任务。所以，提供一种方法让所有人随时了解进展和问题，可以提高透明性并减少中断。

随着团队和利益相关者数量的增长，Nexus Sprint 评审会也会变得更具挑战性。为了在时间盒内做完评审，Nexus 通常必

⊖　有关更多信息，请参阅 http://www.ontheagilepath.net/2015/08/what-about-your-retrospective-actionitems-use-the-active-learning-cycle-or-plan-do-check-act-board.html。

须对所显示的内容进行选择，还要保持创新性，确保每个人都能够看到他们感兴趣的内容。正式的评审事件并不是团队获得反馈的唯一时间，持续的参与不仅提供了充分的透明性，而且还提供了获得早期反馈的益处。

随着越来越多团队的参与，Nexus Sprint 回顾会需要比简单的单一团队 Scrum 回顾会更加结构化。在进行团队回顾会之前，首先进行跨团队的调查讨论，可以提供团队讨论的相应主题。在团队回顾会之后，确保跨团队问题一旦被提出就会得到关注。

演进 Nexus

健康的团队会随着时间的推移而不断演进。团队成员会变化，利益相关者会变化，甚至随着团队更多地了解自己、技术和客户真正的需要，所执行的工作本身都会发生变化。Scrum 和 Nexus 不仅帮助团队检视和调整他们正在构建的产品，而且还调整他们一起工作的方式。

对团队结构和组成的改变，在某种程度上是有益于团队健康的。团队的确需要时间来形成、建立信任，并发展有助于他们高水平发挥的团队关系。随着时间的推移，他们也会停滞不前，变得狭隘，并且变得无力应对变化。健康的团队在稳定和变化之间取得平衡，以提高他们应对新挑战的能力。

Nexus 通过更多的 Sprint 工作，更多地了解如何协同工作。在这些 Sprint 期间，他们抓住一个根本性问题：他们如何在所有团队中更好地平衡工作量？对于围绕组件而建立的团队而言，不同团队的经验参差不齐。受此限制，他们觉得很难平衡各个团队的工作量，然而他们认为不同团队需要具有特定的组件专业知识。在最后的回顾中，他们讨论了围绕特性而不是按组件来组织团队的话题，他们同意这个想法值得尝试。他们一直让大家在不同的团队间轮换，他们认为这样每个团队就都可以拥有足够广泛的技能来满足工作要求。

为什么组件团队会成为一个问题

许多组织采用面向组件的团队结构来实现 Scrum。[⊖]如案例中所示，有时候这是因为开发组件所需要的知识并非所有团队都有。或开发组件时需要特殊的安全许可，当开发具有商业或政治/军事敏感性的组件时，就会存在这种情况。

更常见的情况是，组件所有权仅仅是一个历史偶然，是该团队最初开发该组件导致的结果。在团队同时做多个项目的组织中，团队可能负责许多不同的组件。当其中一个组件需要修改时，团队就会重新捡起过去掌握的组件知识，并对组件进行必要的更改。如果他们不能掌握相应的组件知识，甚至可能对整个项目造成延迟。安排工作计划和管理组件－项目－团队的依赖关系，确实使许多项目理办公室（PMO）非常忙碌。

⊖ "康威定律（Conway's Law）"是指任何设计系统（广义定义）的组织，其生成的设计结构都等同于其组织的沟通结构。有关更多信息，请参阅 http://www.melconway.com/Home/Conways_Law.html。

一个强烈的迹象表明围绕组件组织团队不再有效，也就是说团队发现想要在组件之间平衡工作量，已经变得越来越困难。这种日益复杂的症状包括以下几点：

1.**高度串行的开发生命周期，糟糕的上市时间。**为了交付产品，组件团队的工作必须以非常高的精度，以非常特定的顺序进行计划。当需要意料之外的变更时，排期的更改和延误随之发生。

2.**大量的跨团队切换和大量的在制品。**这种串行化意味着在交付任何东西之前必须做许多更改，并且当发生变更时，已经完成的大部分工作可能不得不返工或报废。

3.**复杂且往往无效的依赖关系管理。**协调组件团队需要大大增加项目或程序管理的成本和开销。

4.**从事低价值的特性。**当团队没有更好的工作要做时，他们倾向于为自己创造工作来"改善"他们自己的组件。

5.**不透明的进展度量。**当工作分散到许多团队中时，组织发现很难看到真正的价值在哪里。每个人都可能非常忙碌，但客户仍然不高兴。

6.**糟糕的质量。**"高质量"意味着不仅无缺陷，而且能够满足客户的需求。当团队中的工作分散开来时，很难发现这些团队没有在从事对客户产生影响的工作。

> **Scrum 中的开发团队不仅只有"开发人员"**
>
> Scrum 中有一个角色是开发团队。有些人解释这个名字的意思是它只包含编写代码的人员。尽管团队也需要能够提供代码,但伟大的开发团队不仅仅需要编码技能,还需要大量编码以外的技能。用户体验(UX)技能有助于团队更好地了解客户并提供出色的解决方案。运营技能有助于团队了解产品的部署和支持方式。测试技能有助于团队验证他们开发的代码。掌握这些功能的关键是拥有跨职能团队成员,而不是专业狭窄的专家。在一个理想的团队中,每个人都应该能够在多个不同的方面做出贡献。

6.1 可选实践:围绕特性组织 Scrum 团队

> 为了围绕特性组成新团队,Nexus 的所有成员都聚集在一起。NIT 的 Scrum Master 通过要求团队成员组建三个团队来为其做好准备,每个团队具有开发任何特性或更新任何组件所需的所有技能。⊖
>
> 人们自然而然地与他们想要共事的人归在一组。这些团队一开始有点不平衡,他们类似于原来的组件团队。Scrum Master 询问这些团队是否可以处理任何事情,他们是否具备所有所需的技能。最后,如果一个团队的技能绰绰有余,那么具有另一个团队所需技能的人员需要转换团队。自我分组过程在大约半小时内完成。

⊖ 要了解更多关于自组织团队的信息,请参阅 Sandy Mamoli 和 David Mole 的著作 "Creating Great Teams:How Self-Selection Lets People Excel"。

自组织很重要，因为它赋予团队决策权和责任心。让团队对自己的结果负责意味着给予他们做出决定的自由，团队成员是所有未来合作的基础。

> 团队还没有完全平衡。在第一个 Sprint 中将移动团队成员与设备团队成员进行结对，这样有助于传播一些知识，但并非所有人都有服务层的工作经验。为了帮助解决这个问题，具有服务层经验的开发人员遍布各个团队。他们将在新团队中工作，在接下来的几个 Sprint 中传播关于服务开发的知识。

特性团队是跨职能团队，负责按照产品负责人的指导进行产品特性或能力的端到端交付。他们可以在整个软件堆栈中自由更改或添加代码。采用特性团队方法需要以开放的方式管理产品源代码，以便任何被授权的团队成员都可以修改代码（如图 6-1 所示）。

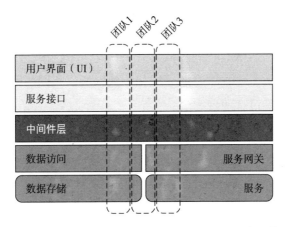

图 6-1　特性团队负责产品特性或能力的端到端交付

6.2 可选实践：像开源项目一样管理代码

使用"开源"式的编码方法，需要组织的承诺和更严格的开发人员纪律。采用它的组织通常具有非常强大的导师文化，他们为开发人员预留时间以便与其他开发人员进行分享。他们经常采用结对编程技术来帮助开发人员相互学习好的技术。

他们还为代码提供了保护措施，包括让指定的提交者决定可以接受哪些代码，以及进行同行代码评审，以执行代码质量标准，同时也将该标准公布于众。这些组织也倾向于拥有强大而成熟的持续集成实践，包括自动化单元测试和回归测试。通过正确的实践，开放式代码管理方法可以提供更好的解决方案，并提供更高的质量和更好的平衡团队间工作的能力。

特性团队展示出以下特征：

❑ 他们基本上是独立的、自给自足的、自我组织的。基于他们的综合技能和过去的经验，他们可能是针对这些具体工作的最合格人选，因此他们可能与围绕专业知识形成的团队有一些相似之处。在这个案例中，因为某些特性大多与技术专业领域相一致，所以相同的团队结构都能满足这两种方法。

❑ 他们可以孵化一个组件，甚至可以作为其管理者，但他们并不完全拥有这个组件。

❑ 他们可能负责多个功能 / 特性领域，尤其是在产品相对较小的情况下。

如果 PBI 对于一个团队来说太大，Nexus 中的其他团队就会提供帮助。[⊖]当发生这种情况时，每个团队开发该功能的一些独特方面，同时最大限度地减少依赖关系。如果某团队一开始就从事该特性的工作或开发其主要部分，则仍然对其负有总体责任。

围绕特性来组织团队提供了许多好处：

❑ **更灵活的设计决策**。组件团队经常陷入一种解决方案的困境，越多的人从事编码工作，就有更好的机会让一些人看到更好的解决方案。

❑ **减少由切换引起的浪费**。切换越多，切换过程中的延误和浪费就越多。

❑ **减少计划外工作**。当团队成员不得不等待时，他们会找些事情让自己忙起来……但这些工作并不总能带来价值。无计划的工作是生产力的沉默杀手。

❑ **更佳的上市时间**。更少的切换、更少的等待时间以及更好的平衡团队工作的能力可帮助企业缩短构建、交付、获取反馈和根据反馈调整产品的周期。

❑ **减少集成开销**。大多数组件团队会延迟集成，而不是持续集成整个产品。这种情况通常发生在他们大批量工作时，收集很多变化以便一次完成，而不是连续不断地进行更改。当团队延迟集成时，会造成未被集成的代码复杂性增加并返工。

⊖ 虽然理想情况下 Scrum 团队由 7±2 人组成；但成员少于 3 人或超过 9 人是没有问题的。随着团队变得越来越大，他们往往会碎片化，失去凝聚力，变得低效。20 个人肯定太多了，但一个拥有 10 或 11 个成员的团队可能工作得非常完美。

❑ **增加客户聚焦**。特性团队为客户提供对其来说重要的东西，迫使团队了解客户需求，并找到更好的服务客户的方法。组件团队只需在机器的齿轮上工作，他们很少与真正的用户或客户进行交互，他们只是交出了构建内容的规范。组件团队导致每个人都很忙，但没有人关注用户或客户的情况。

❑ **提高代码质量**。通过特性团队，所有团队都可以在代码库的所有部分工作，因此他们全部负责保持整个代码库的高质量。另外，开发人员是从整体上解决问题，而不是孤立地开发组件，所以他们可以编写更好的代码。更好的代码和更好的设计意味着更容易维护的代码。

❑ **更强大的开发人员**。开发人员可以更多地了解各种技术问题，而不会陷入狭窄的技术专业领域。

6.3 可选实践：围绕用户画像组织团队

另一种组织团队的策略，是将特定主题或客户旅程与团队所开发的 PBI 相关联。建立主题的一种简单方法是使用用户画像。用户画像是特定类型用户的概要描述。团队通常会给他们提供姓名和具体的履历细节，这样有助于使用户画像更加真实。⊖当产品为多种不同且非常独特的用户画像提供价值，并且 PBI 与特定用户画像密切配合时，团队与用户画像进行匹配可能非常有用。随着时间的推移，团队与用户画像的匹配可以

⊖ 有关用户画像的更多信息，以及如何使用用户画像以更好地了解客户，请参阅 http://www.jeffgothelf.com/blog/using-personas-for-executive-alignment/。

帮助团队开发人员更好地理解用户画像并与用户画像产生同理心，从而帮助他们为自己的用户画像开发更好的解决方案（参见图 6-2）。

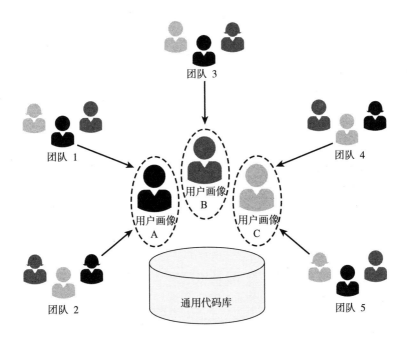

图 6-2 围绕用户画像组建团队可以改善团队与客户的联系

好几位 Nexus 成员曾在特性团队工作过，并积累了丰富的经验。一位团队成员注意到："我在团队中的大部分开发经验都是其他团队使用的组件的开发工作。虽然我构建的东西已经成为产品，但我从来没有从真正的用户或客户那里得到任何直接的反馈。当我有机会处理人们更直接使用的东西时，我感觉自己的工作做得更好，而且我更加有动力去更好地理解他们真正需要的东西。"

尽管有许多益处，组织会发现具有很多挑战，至少在近期内，想要实现任何团队都能够在任何 PBI 上工作这一点就很不容易。有时候，一个团队会缺乏开发某些代码所需领域的专门知识，尤其所涉及的方面需要高等数学、科学或工程知识或特定应用知识。从长远来看，通过交叉培训团队成员和鼓励团队成员学习新技能可以克服这些挑战。

其他情况，例如涉及高级安全许可或希望保密时，可能需要将职责分离，那么组织成特性团队则不可行。结对编程和团队之间轮换开发人员有助于团队之间传播知识，从而随着时间的推移减少团队专业化，但是可能还是有一些障碍是无法克服的。当在团队中轮换团队成员时，重要的是在成员轮换和稳定团队之间，平衡二者的益处。

6.4　扩展 Nexus 集成团队

在 Nexus Sprint 回顾期间，团队确认他们希望提高持续交付能力，最终能够将任何组件部署到任何平台（Web/云、iOS、Android 和设备）。为了解决这个问题，团队的一位成员推荐了一位顾问为 Nexus 提供相应的帮助，他们两人曾在前一家公司共事过。另一位 NIT 成员帮助签订了相关的合同并进行协调。团队和持续集成/持续交付（CI/CD）顾问一起决定，顾问应该成为 NIT 的一员，以便给 Nexus 的所有团队提供最好的支持。

NIT 成员并不总是来自 Nexus 自身，有时他们来自组织的其他部门，甚至是组织外部，就像这里的情况一样。NIT 为 Nexus 提供了一种在整个 Nexus 上共享人员和资源的机制。由于 CI/CD 基础设施将使所有团队从中受益，因此让帮助建立该基础设施的顾问成为 NIT 的一部分是确保工作能让所有团队都受益的好方法。

NIT 的这些"外部"成员可以与组织的其他部门共享，只要他们能够在需要时为 Nexus 工作。他们的"外部"工作不会在产品待办事项列表中显示，因为这些工作并不会使产品受益。NIT 在引入外部成员时面临的主要挑战是洽谈并确保他们承诺在 Nexus 需要时可以为 Nexus 工作。这意味着支持 Nexus 必须成为他们的首要任务、他们需要暂停所有其他工作来支持 Nexus。如果他们不能这样做，他们就不能成为 NIT 的一员。

6.5　更新和梳理产品待办事项列表

在第一个 Sprint 之后，产品负责人更新产品待办事项列表并重新排序。评估和选择合作伙伴来设计和制造硬件已成为当务之急，而 Web 客户端界面已变得不那么重要，可能会在第一次发布中完全放弃。这背后的想法是，产品的主要价值在于让人们知道在他们不在家的时候，何时有人来到家里或何时有人在房间外走动。Web 界面可以等到稍后完成（如图 6-3 所示）。

产品待办事项列表条目

12- 评估并选择设计 / 制造合作伙伴

1- 提醒用户该门铃已被按响

　　1.2- 对按下按钮做出响应（响铃，响应 #doorbellRung 提醒）

　　1.3- 检测 #doorbellRung 提醒事件，通知移动用户

2- 利用移动设备通过门铃扬声器与访客进行对话

　　2.1- 利用移动设备通过门铃扬声器与访客进行对话（iOS）

　　2.2- 利用移动设备通过门铃扬声器与访客进行对话（Android）

14- 自动部署新的产品版本

　　14.3- 自动部署云服务

3- 通过 Web 或移动设备查看选定的安全摄像头

　　3.1- 使用标准开源 API 传输视频

　　3.2- 使用标准开源 API 在移动设备上显示流媒体视频

13- 选择云平台供应商

14- 部署新的产品版本

　　14.1- 部署 iOS 应用程序

　　14.2- 部署 Android 应用程序

　　14.4- 更新客户设备固件

8- 关闭 / 打开移动或 Web 客户端的提醒

　　8.2- 关闭 / 打开 Web 客户端的提醒

10- 从 Web 或手机设置 / 管理设备

　　10.2- 从手机设置 / 管理设备

5- 生成 #motion 检测提醒

11- 与外部安全系统集成

　　11.1- 识别、评估并与外部安全服务供应商合作

　　11.2- 将网站管理特性与外部安全服务供应商系统集成

3- 通过 Web 或移动设备查看选定的安全摄像头

　　3.3- 使用标准的开源 API 在 Web 浏览器中显示流媒体视频

2- 通过门铃扬声器与访客进行对话

　　2.3- 通过 Web 浏览器会话 API 进行双向语音对话

10- 从 Web 或手机设置 / 管理设备

　　10.3- 从 Web 设置 / 管理设备

1- 提醒用户该门铃已被按响

　　1.4- 检测 #doorbellRung 提醒事件，通知 Web 用户

图 6-3　以黑色字体表示当前 Sprint 的产品待办事项列表和 PBI
　　　　目标更新

现在，产品待办事项列表梳理活动会不断发生。该活动会在以下情况下被触发：当有新的 PBI 被识别时，或团队学到一些新事物，这些新事物可能改变其对 PBI 复杂程度的估算时。

有一个 PBI 依赖关系令人担忧——PBI ＃ 2 依赖 PBI ＃ 1。团队判断这并不像看起来那么糟糕—一个团队可以开发提醒功能，同时另一个团队可以开发双向通话功能，而在 Sprint 的后期，他们可以启用提醒功能以启动双向通话功能，最初，它可能只是一个共识。他们将使用 Nexus 每日 Scrum 站会在团队之间进行协调并保持工作同步。

关于是否应该将自动化部署放在产品待办事项列表上，或者只是将它作为 Sprint 待办事项列表中的一个简单的、需要完成的任务，Nexus 进行了热烈的讨论。产品负责人最初质疑这是否对产品非常重要。几位团队成员说服她，认为能够快速部署安全修复程序或产品增强功能可以提高客户满意度。产品负责人同意这是一项重要的产品功能，因此她将其添加到产品待办事项列表中。

产品负责人负责更新产品待办事项列表并重新排序，同时产品负责人也可以获得团队中其他人员的帮助来完成这项工作。此外，产品负责人并不是唯一对如何将产品做得更好有深刻理解的人，高绩效团队经常就这个话题进行健康的讨论。尽管产品负责人在 PBI 内容和优先级方面拥有最终决定权，但其他团队成员经常提出有助于形成和演进产品待办事项列表的想法。

6.6 再谈 Nexus Sprint 计划

> 拥有了新组建的团队，他们开始了第 2 个 Sprint 的 Nexus Sprint 计划，这与之前的 Nexus Sprint 计划非常相似。产品负责人将 Sprint 的 Nexus 目标设置为具有基本提醒和双向通话功能，并选择制造商合作伙伴。尽管 NIT 的 Scrum Master 警告大家组建新团队可能会带来生产力下降，团队对他们的预测依然感到满意。团队理解他的担忧，但觉得新组建的 Scrum 团队不会影响生产力。[⊖]
>
> 还会有一些团队成员帮助评估潜在的制造商合作伙伴。他们需要一个合作伙伴，这个合作伙伴能够充分参与 Nexus，也能够使用他们定义的软件接口（相同的事件和提醒）来生产设备。有几个制造商声称他们可以做到这一点，但团队需要证明软件接口不会改变（或者要了解如果软件接口发生改变将造成多少返工）。产品负责人也将参与合作伙伴的选择过程。

在 NIT 上增加外部成员不会改变 Nexus Sprint 计划。相反，它增强了计划的重要性。让外部 NIT 成员参与 Nexus Sprint 计划可以帮助提出一些团队可能会遗漏的问题。在这个案例中，现有的 Nexus 团队成员在评估制造商合作伙伴方面经验不足，因此增加外部专业知识有助于他们了解需要花费多少时间来完成评估任务。

⊖ Bruce Tuckman 于 1965 年开发的团队发展阶段模型，该模型可能是最著名的团队发展阶段模型。欲了解其更多信息，请参阅 https://en.wikipedia.org/wiki/Tuckman's_stages_of_group_development。

6.7 再谈 Nexus 每日 Scrum 站会

一旦 Nexus 按照特性团队进行组织，就会出现新的协调挑战。随着任何人都可以修改代码库中的代码，他们可能会无意中造成合并冲突，这将需要额外的工作来解决。他们决定通过使用 Nexus 每日 Scrum 站会来提醒其他团队，当天开发人员将在某个特定组件上工作，从而最大限度地避免这种情况。当这些情况发生时，开发人员可以互相交流，并根据彼此之间访问代码库的情况做出决定，或者他们也可以暂时结对工作以开发同一个组件。

当一个团队需要工作在自己不熟悉的那部分代码时，Nexus 每日 Scrum 站会还可以帮助团队分享知识，方法是让熟悉代码库特定部分的人员与仍在学习该代码的人员相互协作。有一天，发生了这样的例子，一个团队在修改一项服务时向另一个团队寻求帮助，原因是这项服务是另一个团队中的成员在前一个 Sprint 中开发的。他们同意开发人员将在当天结对，直到那个需要更好地理解代码的人员，能够有把握进行相应的代码修改。

最后，Nexus 每日 Scrum 站会也成为一个有用的日常接触点，以改善持续交付实践和自动化：开发团队的代表提出他们在持续交付流水线方面遇到的问题，并且他们将就如何一起工作，如何与交付顾问（NIT 的外部成员）解决这些问题达成一致。顾问与团队合作以开发 PBI 来自动部署云服务，其他从事云服务工作的团队成员帮助他们一起工作，确保他们构建的每项服务都有自动化测试，以便在交付流水线的早期检测到问题。

Nexus 每日 Scrum 站会不能代替协作。它提高了协作所需的可见性，并为 Scrum 团队提供了一种聚焦于协作的方式，这种方式使问题和潜在冲突更加透明化。

通过为外部专家提供与所有 Scrum 团队的统一联络点，Nexus 每日 Scrum 站会也成为团队与 NIT 外部成员进行交流的中心。随着 Nexus 团队数量的增长，让这些外部团队成员与团队用更简单的方式进行交流变得更为重要。Nexus 每日 Scrum 站会并不是所有团队间，以及团队与外部团队成员进行互动的地方，但是它确实给 Nexus 提供了识别出更多协作需求的时间和地点。

6.8 再谈 Nexus Sprint 评审

Nexus Sprint 评审呈现了良好的进展，但也为一些日益严重的问题亮起了警示灯。

硬件合作伙伴已经确定，团队能够使用硬件合作伙伴的设备平台创建具有新型网络摄像头功能的门铃工作原型。新平台将使硬件更小、更美观，给设计师更多的灵活性。与供应商的合作很好，供应商表示他们将来可以将自己的团队添加到 Nexus 中。

Nexus 还展示了在门铃响起时向移动电话发送提醒，然后在 iOS 上执行移动设备和门铃设备之间双向语音通话的能力。因为团队遇到了一些意想不到的困难，所以 Android 上的相同功能还不能工作。产品负责人和 VC 利益相关者认为在 iOS 上展示的产品很有价值并且运行良好。这很重要，因为该功能是该产品的主要卖点之一。使该功能在 Android 上运行对于确保产品在市场上的可行性非常重要。

Nexus 还展示了如何使用持续交付流水线自动化，将新的或变更的服务部署到云中。任何时候在源代码库中进行变更时，都会构建和部署该服务。虽然这个概念有效，但产品负责人想要在部署之前手动评审测试结果，以确保服务在发布前经过充分测试。

无法实现 Sprint 的 Nexus 目标始终令人担忧，这一点在这个案例中体现在 iOS 和 Android 上能够接收提醒并进行双向语音通话功能实现的差异性。它是否是某个更大趋势的一部分，或者只是一个孤立的事件？是否有潜在的问题需要解决？这些原因将在 Nexus Sprint 回顾中进行检查。对于 Nexus 评审的目的，主要问题在于管理期望值，而不是对进度过于乐观，也不是由于没有完成本该完成的工作而沮丧。

6.9 再谈 Nexus Sprint 回顾

Nexus Sprint 评审中大部分成功的表面之下潜伏着一些问题。尽管除了 Android 上的语音通话功能之外，Nexus 已经达成了大部分目标，大家依然担心下一个 Sprint 可能无法变得更好。

团队组建比预期更加困难。在组件团队中已经存在的信任和透明性在当前的团队有些磨损。主要问题是代码质量。有一些代码非常丑陋。虽然这些代码可以工作，但确实需要进行返工，而实现新功能的巨大压力阻碍了团队在这方面取得进展。随着技术债务的增加，挫折感正在增长。按照 Tuckman 的团队发展阶段模型，组件团队已经处于"成熟期（Performing）"，现在他们被打回"震荡期（Storming）"，这让他们感到困惑。

所有这些问题的讨论，在 Nexus Sprint 回顾中都达到了一个高潮。NIT 的 Scrum Master 一直在进行协调，防止大家把整体讨论变为从退化沦落到挫败的指责。

建立信任和透明性是高绩效团队的要点。Tuckman 模型为团队在构建信任和透明性方面面临的挑战提供了有用的见解（如图 6-4 所示）。

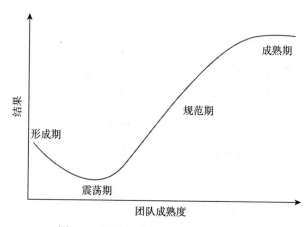

图 6-4　团队组建经历了可预见的阶段

在形成期阶段，团队成员仍在相互了解。他们还没有建立起所需的信任和透明性以交付最佳成果。他们可能会执着于旧有的角色或旧有的行为模式，比如开发人员对于在 Scrum 每日站会中提出问题感到不适，因为他还不太愿意寻求帮助；或者业务分析师变成了产品负责人，她希望保证所有的需求都能在最终发布日期交付。在一个小型组织中，他们仍然在很大程度上认同他们原来的团队成员。

当团队面临生产压力时就会很快陷入震荡期。他们经历了很多冲突，他们正在经历无法有效工作的痛苦，这使他们感到挫败。他们应该能够更有效率。他们需要大量的指导和鼓励，有时甚至需要解决冲突。没有帮助和支持，他们很容易就会陷入困境。

在规范期，团队成员决定他们将如何合作。他们形成工作关系，建立边界和规范，建立他们交付成果所需的信任和透明性。

在成熟期，他们建立了使自己能够取得最好结果的信任和关系。

6.9.1 工作太多，进展不足

> 另一个显而易见的问题是，尽管移动端开发人员拥有很多 iOS 经验，因而这部分的演示取得了很大进展，但他们缺乏 Android 经验。当他们开始研究 Android 的实现意味着什么时，他们意识到这不会是一个简单的"端口"。

对于 Nexus 团队来说，没有像预期的那样取得进展非常常见，任何 Scrum 团队都会遇到同样的问题。每个人都在努力承担太多的工作，或者不是实事求是地了解他们能完成多少。人们很容易低估交付 PBI 所需的工作量，并且容易作出假设，如同认为 Android 开发就像 iOS 开发一样。

在这个案例中，NIT 和 Scrum Master 负责帮助团队变得更加实事求是。然而，在帮助团队理解该做什么和告诉他们该做什么之间有一条分界线。前者是授权，后者则是通过退回传统的管理风格来破坏团队的自组织。有时候，正确的做法是让一个团队承担过多的工作，这样他们的成员就可以认识到他们实际的局限。

6.9.2 日益增加的技术债务

> 为了解决 Android 开发问题，他们意识到需要开发一个通用的设备独立层，或者需要找到一个提供设备独立性的框架，这仍然意味着要重构现有的代码。然而，由于交付的压力，他们没有时间去做任何一件事情。现在他们可以看到没有这样一个平台所造成的影响，并且意识到需要重写已经编写好的很多代码。

处理技术债务就像运动：每个人都知道他们应该这样做，但人们往往太忙，无法将其作为日常生活的一部分。[⊖] Scrum

⊖ 关于技术债务更深入的讨论，请参阅 Martin Fowler 关于这个主题的博客 https://martinfowler.com/bliki/TechnicalDebt.html。

团队（包括 Nexus 的成员）也不例外。他们发现从事新 PBI 的工作更容易，更有收获，他们从完成 PBI 中得到满足。处理技术债务感觉就像要清理自己的房子一样：它又乱又讨厌，并且通常比新的开发工作更复杂。尽管如此，它依然非常重要。

透明性是解决这个问题的第一步：让每个人都意识到技术债务的存在，并帮助产品负责人理解为什么腾出时间减少技术债务与完成 PBI 的工作是一样重要的。

6.9.3　不能及时出现的产品负责人

> 由于产品负责人要帮助寻找硬件合作伙伴，当团队需要她时，她无法及时出现，团队也遇到了一些问题。

当他们面临规模化的挑战时，一些组织会试图将多个产品负责人分配给一个产品，这些产品负责人按照产品负责人的层级合作（例如，有一个"主要（Lead）"产品负责人和多个"次要（Subordinate）"产品负责人）。

当大家弄不清楚是由谁决定或由谁负责时，甚至当这些产品负责人沦为产品负责人委员会时，就可能会引起混淆。

产品负责人是产品最终方向和成功的唯一责任人。请记住这一点。这意味着产品负责人必须：

❑ 为产品制定清晰而令人信服的愿景
❑ 授权开发团队实现这一愿景，这样他们就可以不用频繁

地找产品负责人做决策

- ❑ 争取 Scrum Master 的帮助来协助开发团队
- ❑ 对产品的愿景或产品朝着愿景的发展做出决策
- ❑ 与利益相关者合作
- ❑ 研究市场、了解客户，以及确保开发团队构建正确产品所需的一切

然而，产品负责人可以让其他人参与以帮助澄清细节并提供专业技能。她可以让其他人帮助梳理待办事项列表，并当她不能在现场时代表她。她可以委托任务，而不能委托责任。即使她不能随叫随到，她仍保留最终决策权。只要产品负责人保留最终决策权，她可以招募一些助手或代理人。

6.9.4　不充分的构建和测试自动化

单个团队回顾的结果是，尽管持续集成过程正在进行，但开发人员并没有花费足够的时间来进行自动化测试，以使持续交付过程真正起作用。对于 Sprint 期间交付的简单服务，该流程运行良好，但没有更强大的自动化测试，该流程仅仅是更快地部署了测试不良的代码。与其他问题一样，交付新功能的压力超过了交付高质量的能力。

传统做法里，在急于开发新功能的过程中，开发人员经常会缩短测试时间，将其降级为"如果我们有时间"的任务类别。为了避免这种情况，测试应该是每个 PBI 的"完成"定义的一部分，包括：

- ❑ 单元测试
- ❑ 验收测试
- ❑ 性能和可扩展性测试
- ❑ 安全测试
- ❑ 部署测试等

把这些测试全部自动化可能代价极高，但由于 Scrum 团队始终在构建和测试软件，因此在自动化方面的投入很快就能在减少人工测试成本和提高可靠性方面获得回报。当开发人员必须重建发生了显著变化的环境时，及早发现问题还可以减少发现和解决问题所需的时间，这样会大幅度降低成本。当许多团队使用相同代码库时，自动化测试并使其成为持续集成过程的一部分对保持代码整洁至关重要。事实上，没有自动化测试的持续集成仅仅是编译。

6.9.5　制定改进计划

对于下一个 Sprint 来说，为了解决返工问题，团队决定他们需要留出 20% 的容量来处理返工、重构，以及与减少技术债务有关的其他工作。他们还征得产品负责人同意，当他们确定某些关键返工在同一 Sprint 中无法完成时，他们会将其放在产品待办事项列表中，以便每个人都能看到它。

此外，他们同意将确保所有 PBI 都有明确的验收标准，包括必须满足的测试接受标准。团队决定扩展完成定义

（DoD）以便更多地关注测试自动化。⊖

使用验收测试驱动开发方式极大地简化了 Sprint 中团队之间的协作。不将 PBI 分解成 Sprint 待办事项列表中的任务，而将它们作为细粒度的验收测试进行陈述，以便推动代码的开发。任务会带来模糊性，而从真实 PBI 分解出来的细粒度 PBI 则保留了部分透明性。

> 当进行自动化测试时，任何时候都可以用这些验收标准进行衡量，"完成"的定义使这些标准非常明确。团队同意当他们估算工作和确定他们的容量时，他们将预留用于创建自动化测试的时间。
>
> 产品负责人也同意，如果她不能在场，她会让信息变得更加透明，并在必要时指定能代表她的人。她将与这些人一起工作，以确保所做的任何决定都反映了她对产品的愿景。
>
> 最后，团队同意在工作时会更加切合实际，并为所有人，包括利益相关者和团队成员，设定适当的期望。

6.9.6　规模化 Scrum 的挑战

几乎每个人在尝试将 Scrum 从单个团队扩展到多个团队为同一产品工作时，都面临类似的挑战。随着更多的人、更多的团队和更复杂的功能被添加混合到一起，规模化冲突导致速度

⊖　有关验收测试驱动开发（ATDD）的更多信息，请参阅 https://en.wikipedia.org/wiki/Acceptance_test-driven_development。

相对于预期结果有所下降（如图 6-5 所示）。这也不是新问题，Fred Brooks 20 世纪 70 年代中期在《人月神话：软件工程论文集》中描述了类似的内容。⊖

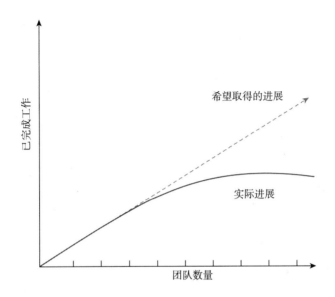

图 6-5　规模化冲突会导致期望结果和实际结果相偏离

　　经历这些挑战是正常的和预料之中的，规模化并不意味着"无法正常工作"，也并不是团队失败的标志。与此同时，对这些挑战不能置之不理。相反，它们应该被慎重处理。如果不处理这些问题，最终会导致产品和生成产品的举措均以失败告终。

⊖　维基百科：《人月神话：软件工程论文集》是由 Fred Brooks 撰写的一本关于软件工程和项目管理的书，其核心主题是"投入更多的人来开发一个延迟的项目只会让进度更慢"。这个概念被称为布鲁克斯法则（Brooks's law），并与第二系统效应和倡导原型设计一起呈现。想要了解更多信息，请参阅 https://en.wikipedia.org/wiki/The_Mythical_Man-Month。

几乎所有试图规模化 Scrum 的组织，都应该预见到在这个过程中所遇到的挑战。通过 Nexus 和适当的实践，我们的目标是尽可能保持线性发展，以便 Nexus 可以进行规模化。

无论组织是否使用 Scrum、其他敏捷方法，甚至是非敏捷方法，规模化产品交付都不仅仅是添加人员和团队那样简单的问题。为了有效地进行规模化，组织需要有意识和系统化地发展壮大 Scrum Master 团队，并检测和消除跨团队依赖关系。

增加太多的人员、团队或复杂性可能会导致生产力下降，这样只能导致规模化的进展完全停滞不前。因此，规模化总是循序渐进的。除了精心构建专业技能、培养和支持团队以及消除妨碍这些团队有效开展工作的障碍之外，没有什么神奇的"组织变革"计划。不要只考虑"转型"这个术语，而是从一个状态向另一个状态的逐步演变，成功的组织在实施规模化 Scrum 的过程中，是通过持续的检视和调整，消除依赖和障碍，从而获得提升。

6.10 结束语

团队成员之间、团队与利益相关者之间的信任需要时间来形成。它建立在透明性和绩效的展示上。增加新员工或在团队之间调动人员会降低信任度和透明性，团队需要时间来恢复其动力。与此同时，增加新人或在团队之间调动人员也会带来新鲜的观点和新的想法，从而激励团队。

有时候团队需要一些外部的帮助，用以恢复外部干扰的影响并保持平衡。到目前为止，Nexus 中的 Scrum 团队主要是自组织的，以交付一个可用的集成增量，而 NIT 的作用可能看起来相对多余。在第 7 章中，我们将看看当 Scrum 团队无法有效协作，并且事情失控时会发生什么。发生这种情况时，对 NIT 的需求会变得非常明显。

第 7 章　*Chapter 7*

应急模式下的 Nexus

评价任何方法是否真正好用，就是要看出现严重问题时，它如何起到帮助作用。当事情进展顺利时，几乎所有方法都能奏效。但是当事情开始崩溃时，这种方法是否有助于团队重新走上正轨？

Scrum 面临的挑战是对紧急情况做出响应，同时保持自组织。当事情开始恶化时，告诉团队该做什么似乎是合适的，但也会降低团队的士气。应对紧急情况时，仍然能够向团队授权，这是 NIT 面临的主要挑战。

> 在一个新的 Sprint 中，三个新的远程团队的加入，给 Nexus 带来了重大变化。
>
> 选定的硬件制造商合作伙伴团队位于中国广州。他们与

Nexus 中的其他团队（位于美国俄勒冈州的波特兰）时差为 9 小时。

Nexus 的两名成员与硬件供应商团队合作，在上一个 Sprint 中构建了一个概念验证。这一工作进展顺利，但让他们完全融入 Nexus 将面临新的挑战。幸运的是，广州团队中承担设备固件的团队成员具有 Scrum 经验。

更大的挑战是风险投资公司找到了一家安全服务提供商，并认为这会是一个不错的新产品分销商 / 渠道合作伙伴。这个安全服务提供商目前是其行业的市场领导者，但是他们已经落后于行业创新者。不过，他们有一个庞大的客户群，可以向他们出售新产品。甚至还有签订原始设备制造商（OEM）协议的可能性，或者甚至还有潜在的收购可能性。

安全服务提供商的团队分布在两个站点。他们的网络产品团队位于德国斯图加特，主机后端团队位于印度班加罗尔（如图 7-1 所示）。网络产品团队声称已经在使用 Scrum，但班加罗尔的团队使用传统的"瀑布式"方法，并且只进行小规模的维护更改。这个应用程序在 10 年前就进行了离岸外包，从那以后，那个团队进行了多次人员变更。

文化、技术和时差，加上来自三家不同公司团队整合到一起的挑战，这是对 Nexus 的重大考验。

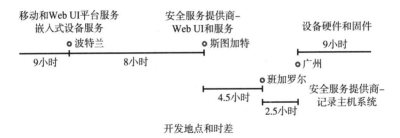

图 7-1　地理分散的团队带来一系列新的协作挑战

7.1　三谈产品待办事项列表梳理

　　增加新团队并专注于与外部安全系统集成，意味着 Nexus 需要进一步梳理产品待办事项列表，以便团队成员不仅可以了解哪些团队可以做什么工作，而且还可以了解工作的顺序，以及任何跨团队的依赖关系。

　　他们希望通过将所有人聚集在一起来做到这一点，但准备工作和处理签证申请所需的时间会把梳理工作推迟几周，因此他们决定使用远程协作技术进行梳理。

　　斯图加特和广州办公室的 Scrum Master 组织他们自己的团队，让每个人都有机会参加。然而，班加罗尔团队并不熟悉 Scrum，因此 NIT 的 Scrum Master 帮助 Nexus 在班加罗尔找到当地的 Scrum Master/培训师，为团队提供培训并帮助他们提升应用 Scrum 的能力。团队中每个房间的摄像头，加上大屏幕和支持高质量语音和视频的宽带通信，有助于弥补各地点之间的距离问题。主要问题在于时区并不理想，亚洲的团队成员最终不得不通宵干活，所以他们的精力和参与程度明显低于其他地点。

斯图加特和班加罗尔团队也因为缺乏广州团队的产品知识而处于劣势。不过,斯图加特团队熟悉客户的挑战和背景,这也会有所帮助。班加罗尔团队主要习惯于做别人请求的工作,他们说只要其他团队可以帮他们把工作识别出来,他们就可以实施其他团队需要的任何内容。

虽然过程并不完美,但最终,每个人都觉得对于启动而言,这个结果已经"足够好了"(如图 7-2 所示)。

产品待办事项列表项	团队	依赖
11–与外部安全系统集成		
11.2–将地点管理特性与外部安全服务提供商系统集成		
11.2.1–向现有客户账户(Web)添加门铃	斯图加特	10.3
11.2.2–与主机客户管理和计费系统集成	班加罗尔	11.2.1
11.2.3–从移动设备中设置设备	任何波特兰团队	11.2.1, 11.2.2
16–从移动应用重构公共云服务		
10.3–从Web设置/管理设备	任何波特兰团队	16
2.2–使用移动设备(Android)通过门铃扬声器与来访者进行对话	任何波特兰团队	16
14–部署新产品版本		
14.1–部署iOS应用程序	任何波特兰团队	
14.2–部署Android应用程序	任何波特兰团队	16
14.4–更新客户设备固件		
1.4–检测#doorbellRung提醒事件,通知Web客户	任何波特兰团队	16
17–设计和验证不同的硬件设计	广州	
15–创建设备/软件安全测试自动化,构建到CD流水线		
3–通过Web或移动设备查看选定的安全摄像机		
3.1–使用标准的开源API播放流视频		
3.2–使用标准的开源API在移动设备上显示流视频		
3.3–使用标准的开源API在Web浏览器上显示流视频		
2.3–在Web浏览器会话中使用通用的客户端API进行双向语音对话		
8.2–关闭/打开Web客户端提醒		
10.2–从移动电话中设置/管理设备		
5–生成#motionDetected提醒		
13–选择云平台供应商		
18–在云上存储和管理视频,以供日后查看		

图 7-2 梳理过的产品待办事项列表,反映重构移动应用以及与安全服务合作伙伴集成的工作

他们还更新了跨团队梳理板（如图 7-3 所示），将新团队包括进来，并帮助他们了解如何组织他们的工作。为了在不同地点之间分享工作，每个团队都在自己的房间中维护梳理板的本地副本。这看起来技术含量很低，但 NIT Scrum Master 坚持这样做，因为如果让每个人都参与的话，这将有助于让大家共同创建梳理板。

由整个团队创建梳理板，发现了两个处理起来很棘手的重要依赖关系。一个是创建公共云服务的重构工作，这将有助于所有客户端应用程序的工作（PBI 16）。另一个是将设备添加到现有的安全服务客户帐户（PBI 11.2.1）。

新团队的加入，使得 Nexus 部分恢复成组件团队。斯图加特、广州和班加罗尔的团队围绕产品的特定方面进行组织，由于他们属于不同的组织，他们上级组织的目标限制他们只能工作于产品的某些部分。例如，设备制造商团队将无法为移动和 Web UI 工作作出贡献。不过，波特兰团队仍然围绕着各种特性进行组织。

特性团队非常适合跨团队共享工作，但并不是任何情况下都奏效，而 Nexus 可能是组件和特性团队的混合体，就像案例中所展示的情况一样。

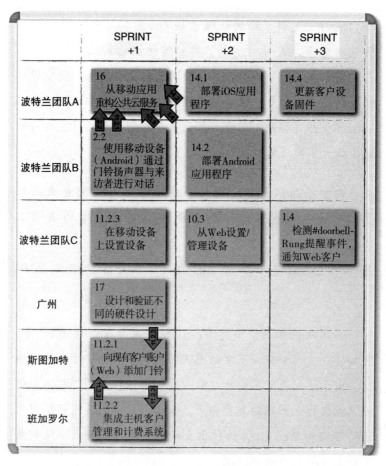

图 7-3　使用跨团队梳理板可视化依赖关系

7.2　三谈 Nexus Sprint 计划

将新团队引入 Nexus，增加了能力和容量，但也增加了复杂性。产品负责人希望 Nexus 专注于确保产品能够适销，这意味着它必须是美观的，而且也可以销售给安全公司的客户，这是一个潜在的大市场。

　　团队发现的最大依赖是，重构 iOS 移动应用程序，并创建一个所有客户端应用程序都能够使用的更强大的云服务平台。波特兰的三个团队决定在这两个方面一起工作，直到完成为止，否则，他们的工作就会受阻，并且有产生技术债务的风险，如果他们带着假设继续全情投入，有可能会返工。这样一来，仍然会预留一些时间来帮助其他团队。

　　波特兰团队的一些成员，在他们等待重构工作完成之前，也同意帮助斯图加特团队集成现有的服务框架。不需要参加重构工作的其他波特兰团队成员，志愿帮助班加罗尔团队创建接口，以便其他团队可以使用这些接口访问和更新由主机应用程序管理的信息。

　　高效的团队标志，也是 Nexus 中由多个团队组成的大团队的标志之一，是团队具有能够灵活组织，以解决自己面临的挑战的能力。他们不需要管理层的许可就可以做必要的事情。随着时间的推移，一个 Sprint 接着一个 Sprint，Nexus 中的团队可以根据需要重新配置自己以实现其目标。

7.2.1　引导大规模分布式 Sprint 计划会

　　大型分布式会议很难，而计划一个 Sprint 尤其难。有效的 Sprint 计划确实需要 Nexus 中每个成员的参与。虽然不能解决让每个人都参与其中的基本问题，但是分布式协作技术（例如网络摄像头、虚拟白板和基于云计算的 Sprint 计划工具）能够起到一些帮助作用。各种不同的发散和收敛技术可以起到帮助作用，包括以下内容：

- **世界咖啡**。参与者分成小组（类似于咖啡桌）讨论，并在小组之间走动，针对 PBI 参与引导式的讨论。这种方式比作为一个大组讨论更加深入。[一]
- **开放空间**。Nexus 的成员自行组织讨论 PBI。[二]
- **每个地点的协调员**。虽然更多的是一种实践而不是具体的技术，但在每个地点让某位团队成员担任引导工作，以改善投入度和参与度，有助于改善整体结果。通常，这个人是一个 Scrum Master，但如果某地点 Scrum Master 缺席了，也可以由任何其他人代替。

这些技术可帮助团队摆脱现有的团队结构，并参与最需要他们专长的地方。无论团队使用什么技术，Scrum Master 都会发挥重要作用，确保每个人都能参与进来，即使不太起眼的意见也能被听到。世界咖啡和开放空间等技术专为面对面交流而设计，但通过支持远程协作技术，如 Google 环聊或类似技术，可以适用于分布式环境。然而，使这些技术适用于远程，需要非常熟练的引导员，因为参与者缺乏重要的面对面视觉线索（例如面部表情、肢体语言）。[三]

[一] 有关世界咖啡方法的更多信息，请参阅 http://www.theworldcafe.com。

[二] 有关引导开放空间的信息，请参阅 http://openspaceworld.org/wp2/。

[三] 帮助分布式 Scrum 团队更好地共同工作是一个巨大而重要的课题。有关如何帮助分布式敏捷团队的观点，请参阅 https://techbeacon.com/distributed-agile-teams-8-hacks-make-them-work。

7.2.2　软硬件开发混合的 Nexus

> 　　做设备的广州团队受到的限制相对较少：他们只需要对一些新硬件设计进行原型设计，以确保它们能够以更具吸引力的方式满足早期原型的所有功能。

　　当他们需要混合硬件和软件开发时，团队面临的巨大挑战是，开发硬件需要的时间比开发软件花费的时间要长得多。可以使用几种技术来减少这些时间差异产生的依赖。

- ❏ **团队可以使用 API 和模拟技术来减少对硬件的依赖**。硬件功能通常通过 API 访问。在早期的 Sprint 中就这些 API 达成一致，然后使用模拟技术（也称为服务虚拟化）让开发人员编写并测试调用这些 API 的代码，让团队可以在一定程度上取得进展。结果仍然是可工作的软件，但对硬件的依赖问题没有解决之前是不能发布的。虽然硬件有可能无法支持 API，或者在后来的 Sprint 中，做出了不在原始 API 规范中规定的新功能，但使用 API 进行解耦是一种久经考验的混合硬件和软件开发的做法。

- ❏ **在机械和电子系统中，模拟技术可以帮助硬件团队评估不同的设计**。甚至硬件也可以使用软件来模拟，就像使用芯片设计软件来模拟所设计的东西如何工作，或者机械工程设计应用程序模拟零件和组件的功能一样。这些技术在航空航天和微电子领域有着悠久的历史，并且可以应用于其他领域。

- ❏ **团队可以使用 3D 打印技术创建机械原型**。廉价 3D 打印功能的兴起意味着定制硬件设计可以在非常快的周期内做出原型。

❑ **电子元件可以廉价且快速地进行原型设计**。使用突破板和诸如 Arduino 这样的快速编程的微型计算机，团队可以创建甚至是硬件 / 软件集成的原型，而无须创建专门的电路板。⊖嵌入式软件甚至可以实现类似于持续集成的工作。这方面的一个例子就是创建充电底座的团队，只要设备插入充电，即可在一夜之间升级设备固件。

正如在 Nexus 中工作的软件团队那样，想要提高生产力的关键在于尽量减少跨团队的依赖关系。

7.2.3 按不同 Sprint 节奏工作的团队

团队之间有一些关于 Sprint 边界和目标的争论。硬件和主机团队认为，为期 2 周的 Sprint 对他们来说太短了，无法做有用的工作。他们想要 4 周的 Sprint，如果不能再长的话。其他团队对 2 周 Sprint 的价值感到非常强烈，并认为如果进行了 4 周还没有可工作的增量的话，风险就太大了。

在极端情况下，Nexus 中的团队拥有不同的节奏是可能的，只要较短的节奏能够均分最长的节奏（如图 7-4 所示）。每个团队在 Sprint 结束时仍然必须交付一个可工作的增量，如果每个

⊖ 维基百科：Arduino 是一家开源的计算机硬件和软件公司、项目和用户社区，设计和制造单板微控制器和微控制器套件，用于构建可感知和控制物理世界中物体的数字设备和交互式对象。欲了解更多信息，请参阅 https://en.wikipedia.org/wiki/Arduino。

团队都选择尽可能短的 Sprint 长度，那么仍然是一个最好的选择，这样团队不会工作太长的时间而没有交付可工作的增量。Nexus Sprint 回顾是 Nexus 决定是否需要改变节奏的理想时间。Nexus Sprint 计划在最短 Sprint 结束后发生，以便 Nexus 在有新信息可用时调整其计划。

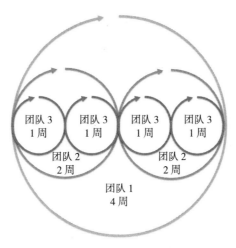

图 7-4　团队可以采用不同的 Sprint 节奏工作，只要 Sprint 的边界能够对齐

班加罗尔团队还有一个冲突：由于它支持现有的应用程序，并且还有客户使用，因此团队无法将其 100% 的时间放在 Sprint 中，所以团队成员认为 2 周的 Sprint 太短。

这些团队达成了某种程度的妥协。班加罗尔团队将在第 3 个 Sprint 中创建一个可工作的 API，以模拟其他团队需要的接口，但他们无法实现真正的主机应用程序访问，因为其无法控制的依赖关系，他们无法将新软件部署到他们的测试环境（主机测试环境与其他应用程序共享，管理此环境的发布团队不会在临时通知下更改其发布时间表）。

广州团队同意在第 3 个 Sprint 中制作新设备模型，供利益相关者进行评审，但它内部不会有任何电子设备，这将在未来的版本中出现。Nexus 的其余团队并不认为这是一个问题，只要硬件功能的接口不发生变更即可。

在 Nexus 范围内调整 Sprint 边界，有助于团队专注于交付集成的增量。案例研究中的一些团队可以在自己更快的 Sprint 周期中取得部分进展，但是整个 Nexus 必须交付可工作的增量，以便组织能够看到它是否正在朝着其交付目标迈进。如果一个团队失败了，那么作为 Nexus，他们就都失败了。

7.2.4　在 Nexus 中混合 Scrum 和瀑布方法

混合瀑布和 Scrum 过程是不起作用的。团队要么采用一种方法，要么采用另一种方法。尝试使用 Scrum 遵循里程碑驱动的流程，结果就成了瀑布流程，只不过事件的名称不同而已。但是，如果依赖关系仅限于 API 依赖，那么使用 Scrum 的团队依赖于那些使用瀑布方法的团队，就是可能的。

这种情况与图 7-4 所示的情况非常相似，使用瀑布方法的团队有非常长的交付周期，Nexus 中的其他团队在这个周期内会完成很多 Sprint。虽然在瀑布团队的交付周期完成之前，集成增量不可发布，但 Scrum 团队可以通过使用团队共同认同的 API 取得进展。

这种方法的潜在缺陷很容易被发现：如果瀑布团队没有履行其交付承诺，产品增量将无法发布。这种方法也不允许通过一系列 Sprint 来进行 API 的协同演进，如果所有团队都使用 Scrum 就有可能做到。然而，这是将更多现代产品与主机应用程序集成的合理方法，因为主机应用程序功能很少会变化。这些主机应用程序仍然可以在 API 底层演进，事实上，这是应用程序现代化的强大策略。 ⊖

在案例研究中，API 用于管理主机应用程序团队的依赖关系，使其他团队至少可以在自己的 Sprint 目标上取得一些进展。

7.3　三谈 Nexus 每日 Scrum 站会

随着 Sprint 的进展，Nexus 开始在 Nexus 每日 Scrum 站会方面遇到麻烦。班加罗尔的团队成员很有意愿参加，却不断被抓去处理其他生产支持问题，他们在时差方面也存在困难。他们的 Scrum Master 是一名合同制人员，代表团队参加了 Nexus 每日 Scrum 站会，但他常常缺乏必要的知识，无法理解他们与其他团队合作中遇到的挑战，无法代表团队与其他团队合作解决。时差使问题复杂化，造成沟通延迟，使跨团队透明性更加困难。

⊖　Martin Fowler 在 https://www.martinfowler.com/bliki/StranglerApplication. html 描 述 了 Strangler 应用模式。Michiel Rook 通 过 https://www. michielrook.nl/2016/11/strangler-pattern-practice/ 提 供 了 一 个 例 子，说明他如何使用它来演进复杂的遗留应用程序。

广州团队有一个不同的问题：由于该团队专注于此 Sprint 中的物理设计问题，因此其成员在 Nexus 每日 Scrum 站会中看不到太多价值，并且经常只派他们的 Scrum Master 参加。这还没有造成任何问题，但它不利于在团队之间建立良好的工作关系。

做 iOS 应用程序重构的团队也一直处于挣扎中。他们的努力正在变成重写而不是重构。使服务的通用性足以让 iOS、Android 和 Web 客户端使用，这个工作比预期更加困难。与此同时，他们遇到了提醒服务的一些技术限制，需要解决该问题才能实现强大的跨平台服务。他们发现他们认为"完成"的一些工作也需要重做。这导致了斯图加特团队的一些人员流失。他们一直在尝试使用 Web 服务为现有客户端添加门铃，但接口不断变化。Android 客户端上的工作也处于暂停状态，等待重构工作。随着 Nexus 进入 Sprint 的第 2 周，挫折感正在增加。

还有一个更深刻但更微妙的问题：Nexus 由于增加了新的团队而失去了一些凝聚力，他们缺乏对曾经有过的产品成功的专注。这些"原来"的团队感到有些不满，他们被迫让这些新手加入，而新的团队则认为 Nexus 事件有点让人分心。

来自每个团队的 Scrum Master 和 NIT 的 Scrum Master 在他们的一个电话会议中讨论了这个问题，但他们不确定该怎么做。他们同意，将所有团队聚集在一起进行几个 Sprint

以形成一个更有效的扩展团队，并解决这些问题，事情就会变得更好，但是外部压力需要他们做得更快，所以他们没有时间这样做。或者，他们自己也是这么认为的。与此同时，他们也在尽可能地帮助自己的团队。

分布式团队的 Nexus 每日 Scrum 站会

分布式团队的 Nexus 每日 Scrum 站会与在同一地点工作的团队一样，但他们在后勤和激励方面的支持更具挑战性。当人们并不是每天都在一起工作时，他们往往会忘记彼此，并且他们会陷入透明性较差的沟通之中。人们更容易避免谈论挑战而不是保持开放心态，还必须向未能接近问题的人解释情况。因此，分布式 Scrum 每日站会电话会议可能变成沉闷的状态报告，并重复"一切都很好"。

NIT 的 Scrum Master 承担着促进透明性和帮助使问题呈现，并开展有难度的对话的责任。他应该定期与 Nexus 中团队的 Scrum Master 进行交谈，以了解他们的团队正在为什么而挣扎，这样当团队在跨团队问题方面感觉不舒服的时候，Scrum Master 就可以提出来。

因为在 Nexus 团队中的 Scrum Master 自然而然地彼此沟通，通常每天（如果不是更频繁）彼此交谈，所以团队倾向于委派 Scrum Master 参加 Nexus 每日 Scrum 站会，因为他们已经在交谈了。这是一个错误。Scrum Master 已经足够了解这些问题，但他们并不总是能够解决每个问题的合适人选。更好地理解这些问题的人（这个人可能会变化）是参加 Nexus 每日 Scrum 站会的合适人选。根据问题的不同，"合适的人选"会随着时间而变化。

7.4 当 Nexus 开始挣扎时，应该做些什么

随着 Nexus 中的每个人都变得更加沮丧，所有 Scrum 团队的成员也开始表达他们需要指导，以克服他们的挑战，他们开始寻求 NIT 的帮助。产品负责人越来越不确定团队是否正在取得进展，她开始怀疑增加外部团队的决定是否合适。她与投资者讨论了面临的挑战，投资者希望不断前进，因为他们觉得需要一个已经建立起来的业务合作伙伴来推出产品。

NIT 使用 Nexus 每日 Scrum 站会来了解挑战，并向团队询问他们认为需要帮助的内容。波特兰和斯图加特的团队认为重构服务平台是他们最重要的目标，一旦搞定，工作将进展得更加顺利。班加罗尔团队表示，他们只需要更多时间专注于主机 API 服务，但他们已经被抓去应对其他紧急情况，他们并不觉得自己对此有任何控制力。广州团队做了几款设计原型的模拟，甚至用设备的电子"核心"对它们进行了测试，所以目前它们不受其他团队挑战的影响。

NIT 决定在工作中发挥更积极的作用。其中两名成员与波特兰和斯图加特的团队合作分析这项工作，看看是否可以将这些工作细分为更容易在团队中共享的大量工作。他们还参与开发服务的自动化测试，并将其集成到持续集成流水线

自动化中。这样可以帮助到每个人，确保在开发人员提交代码后立即做 API 回归测试。

另一位成员开始更加积极地与班加罗尔团队合作，帮助开发实现主机 API 的服务，他们很快意识到他们需要更多帮助来创建强大的 API 回归测试和持续集成自动化。NIT 的另一位成员加入进来帮助解决这个问题。在 NIT 的帮助下，堵塞开始被清除。

当 Nexus 运行平稳时，其团队自行组织定期发布，或者至少定期演示可工作的软件。在这种情况下，NIT 在多数情况下看起来是多余的，最好是采取一种最为便捷的方式，与 Nexus 之外的部分进行跨团队协作。

甚至这是一种可选的方式，Nexus 团队当然可以随时随地与任何他们需要提供价值的人员进行交流。就像没有着火时的消防员一样，事情进展顺利时，NIT 似乎没有必要。当事情开始出错时，NIT 的真正目的变得非常清晰。

NIT 的职责

NIT 负责确保 Nexus 每个 Sprint 至少产生一个集成增量。这种责任意味着他们是那些在出现问题时必须让 Nexus 回到正轨的人。NIT 的存在是为了应对团队专注于自己的工作，而让其他人操心跨团队问题的自然倾向。协作良好的团队可以通过共同努力来解决团队间的许多问题，但是当遇到挑战时，他们需要帮助，他们需要有人以权威行事。让 NIT 对交付集成增量负责，就赋予了它这种权威。

7.4.1 应急模式下的 Nexus 集成团队

发挥更积极的作用可能意味着 NIT 要成为一个真正的团队，拥有真正的目标，以及完成真正的工作。这并不能减少 Scrum 团队的工作，但可以增援和帮助他们，执行团队未能取得进展的工作，消除妨碍其进展的事情。NIT 可能会接受其他团队无法启动的 PBI，或者其他团队已经开始但无法完成的工作。

在应急模式下，NIT 就像 Nexus 中的另一个 Scrum 团队一样：它派出代表参加 Nexus 每日 Scrum 站会，并且自己也开团队的 Scrum 每日站会。在 Sprint 结束时，NIT 作为一个 Scrum 团队参加 Nexus Sprint 回顾会。

NIT 在应急模式下潜伏着的危险，是当紧急情况永远无法结束，NIT 总是需要介入才能阻止事态崩溃的时候。发生这种情况时，可能需要对 Nexus 进行更彻底的重置。

7.4.2 减小规模

> 风险投资公司的投资者担心团队资源不足，他们对 Nexus 施加了压力，要求增加更多开发人员和测试人员以完成更多任务。NIT 将此作为一种选择进行讨论，但他们最终拒绝了这一提议。他们的问题是他们有太多的人在工作，但效率不高。在服务平台和主机 API 层能够工作之前，增加更多人员只会意味着有更多的人在等待。

他们还从痛苦的经历中了解到，增加更多人员需要时间来面试、聘用和整合新员工到现有团队中。他们目前的问题很大一部分是他们太快地加入了太多人员，而他们正在为此付出代价。

投资者对此并不满意，他们习惯于通过简单地花钱来解决问题，但他们决定在更加强力的介入之前，先让 NIT 尝试以自己的方式来解决问题。

许多组织都试图通过增加更多人员来解决生产力问题，但生产力问题有许多原因和障碍，需要在简单添加人员之前予以解决。团队可能缺乏足够的自动化，他们可能有太多的跨团队依赖关系，或者他们可能缺乏合适的技能。

当一个 Nexus 发现工作效率不高时，正确的答案有时是要减小规模——减少团队的数量，或者减少团队的规模，或者两者兼而有之。在极端情况下，这可能意味着只保留一个团队可能是唯一可行的选择。

对于组织来说，在他们真正了解这项工作之前，假设某项举措很大是一个常见的错误。当他们有一个已经采用传统方法的现有举措，希望尝试 Scrum 时，有时就会出现这种情况。因为他们已经有很多团队，所以他们认为他们在使用 Scrum 时需要很多团队。

当 PBI 太大并且工作分散到许多团队中时，这些团队将难以取得进展，因为协调工作的开销将吞噬掉他们的精力。当团队配备了不具备合适技能的人员，或者技能过于狭窄的人员时，他们将不得不增加太多人来完成工作。如果变成拥有宽泛和深入技能的小团队，往往可以消除开销并改善专注度，从而简化交付。现代软件开发的一个矛盾事实是，一个拥有合适技能的小型高凝聚力团队可以比一个规模更大但专注度更低的组织取得更多进展。⊖

> 让 NIT 扮演更积极的角色是有帮助的，但是进展仍然比预期的要慢。服务层重构工作继续花费比预期更长的时间。Nexus 不仅需要创建一个强大的多平台警报服务来解决离线和在线通知问题，还需要适应移动客户端蜂窝覆盖范围的丢失。由于他们没有充分探索早期 Sprint 中的 Android 和 Web 客户端问题，所以他们采取了一些错误的转变。施加压力与安全服务客户端门户集成，也无济于事。
>
> 当班加罗尔团队报告他们团队的一个成员已经拿到另一家公司录用通知，将离开团队时，团队已经不堪重负了。该团队希望在主机集成服务层取得进展，但现在他们已经变得更加薄弱，其他应用程序支持工作也没有减少。这个消息使得 NIT 意识到 Nexus 不会达成 Sprint 目标，并且继续采用目前的方法来进行下一个 Sprint 也是无济于事的。

⊖ 这方面的一个戏剧性例子是联邦调查局的哨兵项目，该项目在 2000 年至 2005 年期间开发了一个虚拟案例文件（VCF）。该项目在 2005 年 1 月正式放弃时还没有接近完成。前两次尝试项目花费超过 5.75 亿美元。第三次尝试时，在胡佛大厦的地下室中成立了一个较小的 Nexus。工作人员从 400 人减少到 40 人，并在 1 年内花费 3000 万美元，他们完成了代码，节省成本超过 90%。有关更多信息，请参阅 http://www.scrumcasestudies.com/fbi/。

7.4.3 使用健康检查来了解团队情绪

为了证实他们的猜测并获得新的见解，NIT Scrum Master 建议他们使用一种技术来了解团队如何看待自己的健康状况，这是他从一位曾与 Spotify。合作过的同事那里学到的。他担心如果团队感受到他们并没有参与到 NIT 即将做出的决定中，他们会感到更加士气低落。NIT 同意并认为这是一个更好地理解他们面临的挑战的机会。

NIT 请每个 Scrum Master 主持自己团队的会议，讨论如下几方面的议题：

❑ 他们是否正在交付价值？
❑ 产品是否易于发布？
❑ 团队成员是否开心？
❑ 产品是否健康？产品是可持续的和可支持的吗？
❑ 团队成员是否能够学到东西？
❑ 他们是否理解产品目标？
❑ 他们感觉自己像棋子还是队员？
❑ 他们的速度是否足够？
❑ 他们觉得他们有合适的流程吗？
❑ 他们是否感到被支持？
❑ 他们作为一个团队运作良好吗？

他们让每个团队成员为对每个健康指标的感受进行投票，然后将结果汇总（如图 7-5 所示）。☺并不意味着一切

⊖ 有关 Spotify 健康检查模型的更多信息，请参阅 https://labs.spotify.com/2014/09/16/squad-health-check-model/。

都是完美的，但团队成员至少对目前的状况感到满意。😐 意味着有一些重要的问题需要解决，但这不是一场完全的灾难。☹ 意味着事情非常糟糕，迫切需要改进。当然，😕 介于☹ 和😐 之间。

	波特兰A	波特兰B	波特兰C	斯图加特	班加罗尔	广州
交付价值	😐	🙂	🙂	😐	😐	🙂
易于发布	😐	😐	😐	😐	☹	😐
开心	😐	😐	🙂	😐	☹	😐
代码健康	☹	☹	☹	☹	😐	😐
学习	🙂	😐	😐	😐	😐	🙂
理解目标	🙂	🙂	🙂	🙂	😐	🙂
棋子或队员	🙂	😐	😐	🙂	☹	😐
速度足够	☹	☹	☹	☹	☹	🙂
合适的流程	😐	😐	😐	😐	☹	🙂
感觉被支持	🙂	😐	😐	😐	😐	🙂
团队合作良好	🙂	🙂	😐	😐	☹	😐

图 7-5 健康检查结果，由团队汇总

结果在很大程度上证实了 NIT 的怀疑：团队需要停止在本次 Sprint 目标上的工作，并退后一步，解决☹ 问题，并尝试在😐 方面取得进展，然后再继续前进。地点之间的差异突出了一些团队面临的一些挑战。广州团队相对更开心，这并不令人惊讶，因为相对而言，他们没有受到重构和主机 API 问题的影响。

班加罗尔队明显更加挣扎，他们需要更多帮助。他们感到孤立，不认为自己在贡献甚至重度参与其中。一部分原因是因为他们在工作上有些兼职，另一部分原因是他们仅对解决方案的一个组件负责。

其他团队的合作相对来说比较好，不过显然需要做出一些改进。

7.4.4　Scrumble

在 Nexus 中，Scrumble 的目的正如那句老话："当你发现自己在一个洞里，就停止挖掘。"这与精益制造方法中拉动信号灯绳以停止生产线相似。

当需要发布的时候，Scrumble 可以帮助 Nexus 避免不愉快的意外，并且它还有助于保持透明性，降低风险并保护最有价值的资产——产品不会遭受无法接受地降级。

当一个完全集成的、完整的增量已经完成并且可以就绪使用，但 Nexus 无法进行交付时，会发生 Scrumble。Scrum 团队不会继续构建那个未集成的一团糟的东西，而是进入一个 Nexus Scrumble。团队的人数减少到能够交付可工作增量所需的最少人数。其他人保持等待，在他们能够做出有用贡献的时候，就会自动加入。只有当 Nexus 修复了底层问题时，他们才会重新启动并恢复正常的 Sprint 流程。

Scrumble 不仅仅是解决一系列即时问题的暂停。当问题累积到阻止所有进展时，Nexus 需要重新评估其工作方式，以了解导致其失败的原因。Scrumble 使 Nexus 可以从创建更多问题的状况中退出，对以下内容进行评审和评估：

- ❑ 为持续或频繁地集成和交付可工作的产品增量所使用的工具和实践的有效性
- ❑ 测试策略和执行的有效性
- ❑ 产品待办事项列表分解、排序和选择的有效性
- ❑ Sprint 待办事项列表管理实践的有效性
- ❑ 帮助团队专注于实现 Sprint 目标的公共开发和测试工具和平台的价值
- ❑ 每个 Sprint 中，帮助团队交付集成的增量，满足功能性和非功能性需求所使用的持续交付实践是否充足
- ❑ 分支和集成实践的策略和执行

为解决已识别的问题，Nexus 可能采取的行动包括：

- ❑ 升级开发环境和实践
- ❑ 修复和重构现有代码，使其更易于维护、可扩展和可测试
- ❑ 创建一套全面的自动化回归测试
- ❑ 创建可用的、可评审的集成增量
- ❑ 创建支持团队的开发和测试环境
- ❑ 培训开发人员使用开发环境的实践
- ❑ 开发针对系统的工具和组件以减少依赖性
- ❑ 产品负责人与客户、投资者和其他利益相关者一起重新定义即将推出的产品发布的目标和期望

一旦 Scrumble 完成，Nexus 应该已经做了更好的准备，以提供可用的增量。下一个 Sprint 就可以开始了。

　　Scrumble 所需的时间长短取决于技能、环境、人员和现有软件，但至少应该需要一个 Sprint 的时间。当问题严重到足以阻止所有工作时，Nexus 将需要时间来解决根本原因。做一次 Scrumble 可能已经足够了，但是如果 Nexus 再次发现有无法发布 / 未完成的增量，则可能需要再次 Scrumble。[⊖]

> 　　在确定需要停止、退后、重新评估和返工之后，Nexus 会达成以下解决方案：除了一名开发人员和他们的 Scrum Master 之外，斯图加特团队将暂停，并开始做现有系统的维护工作。在 Web 服务重构之前，所有在 Web 和移动客户端上的工作都将停止。开发团队有足够的知识来完成这项工作，那些没有从事重构工作的人将通过为框架编写一套强大的回归测试来帮助他们。在这个过程中，他们将对持续集成流水线进行微调，并清理源代码存储库中由早期 Sprint 中的特性分支的错误所导致的一些问题。
>
> 　　为解决主机集成问题，来自波特兰的三位开发重构服务平台的开发人员将与班加罗尔的开发人员进行远程协作，以创建提供主机应用程序集成 API 的服务。在本地团队的帮助下，他们认为即使当地开发人员有可能被抓去做其他工作，他们也可以在几周内开发出一个可工作的服务层。他们可以先远程地开始工作，然后在几周内获得签证，从而完成这些工作。

　⊖　如果发生这种情况，开发产品的出资人可能会失去对团队的信任。这种可能性使 Scrumble 解决 Nexus 所遇到困难的根本原因变得更加重要。

7.5 Nexus（伪）Sprint 评审和回顾

Nexus 需要三周的时间来稳定服务平台，包括创建强大的自动化回归测试，以便开发人员能够立即知道他们是否已经破坏了其他人所依赖的某些东西。他们终于可以停止 Scrumble。主机接口工作也完成得更快。一旦他们拥有合适的人员，即了解主机应用程序并知道如何构建现代服务的人，紧密合作，他们就可以创建一套稳定的 API，包括自动化回归测试。

此外，团队最终有时间简化持续集成自动化，并能在每次代码提交时执行，构建全面的基于 API 的自动化测试。这给了他们很大的信心，因为他们以前遇到的集成问题将更容易解决。产品负责人对产品回归正轨的信心显著提高，她还与投资者分享了这一信息。

为了更好地了解团队的感受，Scrum Master 进行了另一次健康检查。这一次结果明显更好（如图 7-6 所示）。斯图加特和班加罗尔的团队仍然感到有些游离，尽管眼前的障碍已经消除，但还有很多需要改进的地方。最重要的是，每个人都觉得不像以前那么沮丧了，并期待下一个 Sprint 的开始。

班加罗尔团队剩下的挑战是，他们只负责主机组件，但是他们经常被拉去做其他工作。他们看到了特性团队工作的好处而且也希望有机会进行尝试，但是由于其管理层拥有控制权，这阻止了团队在 Nexus 中发挥更广泛的作用。

	波特兰A	波特兰B	波特兰C	斯图加特	班加罗尔	广州
交付价值	☺	☺	☺	☺	☹	☺
易于发布	☺	☺	☺	☺	☹	☺
开心	☺	☺	☺	☺	☹	☺
代码健康	☺	☺	☺	☺	☺	☺
学习	☺	☺	☺	☺	☺	☺
理解目标	☺	☺	☺	☺	☺	☺
棋子或队员	☺	☺	☺	☺	☹	☺
速度足够	☺	☺	☺	☺	☹	☺
合适的流程	☺	☺	☺	☺	☺	☺
感觉被支持	☺	☺	☺	☺	☹	☺
团队合作良好	☺	☺	☺	☺	☹	☺

图 7-6 健康检查结果，Scrumble 后，由团队汇总

7.6 结束语

团队的真正考验，及其产品交付的方法，是其成员如何应对危机。当 Nexus 遇到 Scrum 团队无法应对的危机时，NIT 必须采取行动帮助 Scrum 团队做出响应、学习和适应。Scrumble 将更进一步，通过暂停正常工作直至危机解决，并且使危机的根源得到处理。

Nexus 是一种使多个 Scrum 团队组成的大团队能够交付大型复杂产品的方法。但 Nexus 拥有大约 9 个 Scrum 团队的限制，如果超过 9 个团队，协作复杂性和跨团队依赖就会变得太大，只靠 Nexus 机制是无法应对的。

在第 8 章也是最后一章中，我们将使用回顾方法来评审和反思 Nexus 在帮助 Scrum 团队执行时所面临的挑战。

Nexus 旅程中的回顾

好几个月过去了，许多 Sprint 已经完成。导致 Scrumble 的危机变成了遥远的记忆，Nexus 将其第一个版本推向了市场。团队对结果感到满意，而且很明显，投资方也非常满意。Nexus 推出了一款客户喜欢的产品，虽然还有很多需要改进的地方，但是销售收入非常不错，足够用于产品的持续改进。

随着发布的完成，Nexus 的 Scrum Master 们向团队建议，如果他们都对整个发布做个回顾，这会是个好主意。这可以让他们退后一步，看看自从他们作为 Nexus 一起工作后的整个旅程。团队同意这可以帮助他们搞清楚怎么做才可以在下一个版本中做得更好。

正如你现在所获知的那样，Nexus Sprint 回顾是 Nexus 反思并改进其工作的主要方式。通常情况下，回顾的范围是最近的 Sprint，但有时候贯穿多个 Sprint 来看趋势或常见挑战也是非常有用的。当 Nexus 中的团队在 Sprint 内发布他们的产品时，对他们而言是自然而然发生的。对于回顾来说，虽然不是强制的，但是也会按照发布的时间跨度进行查看，发现他们在之前错过的任何趋势。

8.1 哪些做得好

> 回顾的结果证实了团队已经知道的一些事情，并使他们注意到之前忽略的一些有趣的益处。

8.1.1 Nexus 每日 Scrum 站会

> Nexus 每日 Scrum 站会多次被正面提及。之前曾使用过 Scrum of Scrums 技术的团队成员相信，在团队进行自己的 Scrum 每日站会之前首先开 Nexus 每日 Scrum 站会，会帮助他们更快地解决集成问题。他们认为少量的附加结构不会妨碍实际运行，并且实际上会让问题更快地浮出水面，从长远来看可以节省大量时间。

Nexus 使团队能够在保证透明性的情况下进行检视和调整，这不仅可以促进更好的工作方式，而且可以最终实现更好的结果。随着时间的推移，在他们长期合作之后，他们会变得自满，并陷入不良习惯，比如让 Nexus 每日 Scrum 站会变成状态报告会，或让 Scrum 团队完全跳过 Nexus 每日 Scrum 站会。Nexus Scrum Master 需要通过确保在 Nexus 每日 Scrum 站会中指出跨团队的问题，从而帮助保持 Nexus 会议是有意义的。

Nexus 每日 Scrum 站会对于 Nexus 是一个很好的机会，它为 Nexus 提供了一个透明的视角，这个视角可以展示集成增量如何运作，并给出正式的机会来明确团队在计划当天工作时需要解决的任何问题。它侧重于识别集成的挑战。单个团队每日 Scrum 站会安排在 Nexus 每日 Scrum 站会之后，这可以帮助团队解决跨团队的挑战，而不仅仅是他们自己的挑战。

8.1.2 Nexus 集成团队

> 许多团队成员引证的另一个积极因素是 NIT 的作用。一位团队成员强调，他以前没有看到拥有一个单独的 NIT 团队的价值，但在看到 Nexus 处于应急模式时 NIT 如何工作后，他现在完全理解为什么拥有这样的团队是有价值的。

Scrum 依靠自组织来帮助团队完成他们的工作，以便提供解决方案，但增加了足够的组织结构以确保事情不会被遗忘。关键在于最终责任：虽然团队可以共同负责提供解决方案，但是担任具体角色的团队成员会对结果负责。

在 Scrum 中，产品负责人对产品负责。在 Nexus 中，NIT（包括产品负责人）负责确保每个 Sprint 都至少生成一个集成产品。因为理想情况下 NIT 由来自每个 Scrum 团队的成员组成，所以可以听到所有的声音，并鼓励通过自下而上的信息来帮助解决问题。

责任和自下而上的信息之间有一个平衡：产品负责人需要通过发布版本所提供的自下而上的信息，以便知道产品正在解决正确的问题并交付正确的价值。NIT 需要自下而上的信息来了解哪些内容可以正常工作，更重要的是，哪些内容无法正常工作，以便他们可以通过辅导或其他有益的工作来帮助 Scrum 团队提高其技术优势。

理想情况下，Scrum 团队会自行组织以解决所有问题，但有时他们无法看清跨团队问题并解决那些问题。在我们的案例研究中，Scrum 团队与日益增长的集成问题如此贴近，在基本技术债务和主框架集成问题得到解决之前，没有人能够做决定让开发停滞。NIT 为集成产品负责，也被赋予权力决定停止正常开发，直到集成的障碍得到解决。此外，产品负责人（NIT 的一员）有权决定 Scrumble，直到障碍问题得到解决。

8.1.3 发布频率

在发布过程中，Scrum 团队根据他们自己的需要随时更新产品的任何部分，以实现持续交付能力。他们现在可以根据产品负责人的判断随时发布设备固件、移动应用程序、Web 应用程序和 Web 服务的新版本。

因为他们一直在发布，所以他们讨论是否仍需要做 Nexus Sprint 评审。产品负责人决定，她仍然需要 Nexus Sprint 评审来定期将利益相关者聚集在一起，以提供关于集成产品的反馈。随着每天发布软件，能够退后一步并查看他们在 Sprint 过程中所完成的任务是非常有益的。

Nexus Sprint 评审不是发布决策门限。只要产品负责人认为产品已准备好发布，Nexus 就可以随时发布，这很可能一天就会发生多次。在这种情况下，Nexus Sprint 评审仍然非常重要，因为 Nexus 及其利益相关者有机会退后一步考虑产品如何朝着目标前进。随着团队发布频率的提高，这一点变得更加重要，而非不重要了：当团队始终在发布时，朝着产品目标迈进的过程可能会迷失在持续发布活动的混乱中。

一个 Sprint 是一个时间盒，负责管理团队的计划、构建和评审周期，而非发布。Nexus Sprint 的长度取决于团队和利益相关者的约束条件以及正在解决的问题的复杂性，而非所使用的技术。例如，如果关键利益相关者无法每周提供有关该产品的反馈，则 Sprint 应该更长。如果这项工作有助于实现更大的目标，那么 Sprint 应该更长。如果团队喜欢更短或更长的节奏，那么应该对 Sprint 加以约束以适应这些需求。然而，重要的是保持 Sprint 节奏的规律性和短暂性，以鼓励团队专注和没有负担的行动措施，同时还要考虑团队的工作方式。而且，最好的 Nexus Sprint 评审方式是用真实的数据，而这些数据是通过真实的客户使用生产中的软件得到的。

8.1.4　生产力

Scrum 团队也认为他们完成了很多工作，超过了他们初次组建 Nexus 时的期望。这次发布是一项重大成就，并且他们在其他方法方面有足够的经验。Scrumble 是其中的重要组成部分，正如他们在回顾中所认识到的，他们需要在继续前进之前阻止并解决他们面临的根本挑战。

> 他们还发现，Nexus 每日 Scrum 站会帮助他们应对出现的跨团队挑战。来自不同 Scrum 团队的几个人聚在一起让解决问题变得更容易。他们觉得如果没有这一点，并专注于 Nexus 目标，当他们各自专注于自己团队的工作时，可能会让跨团队的问题溜走。Nexus 的目标还帮助他们建立和维持一种以 Nexus 为共同身份识别的关系。

共同完成工作的乐趣是团队所能体验到的最佳动力。团队士气往往随成就而变化，当每个人都觉得自己富有成效的时候，当他们没有被障碍所阻挠的时候，他们就会更快乐，对自己所生产的东西有更多的投入。相反，当障碍出现并且不能迅速消除时，士气和动力就会受到影响。

8.1.5 自组织

> 自组织被强调为改善 Nexus 执行方式的一个关键差异。小组讨论到自组织不仅使得了解情况的人能够掌握他们的工作方式，而且也意味着每个人都觉得他们拥有解决方案的所有权。这激发了团队的积极性。一名团队成员竟然说："囚犯们正在避难，而且感觉很好。"

自组织的思想是敏捷的基础，在形成 Scrum 的一篇关键论文《新产品开发新游戏》中，⊖明确指出了自组织的力量。作者在这篇论文中指出，成功创新组织的关键特征之一是团队根据

⊖ 《新产品开发新游戏》的内容请参阅 https://hbr.org/1986/01/the-new-newproduct-development-game。

情况组织和重组的能力。但是，在大多数大公司中，团队通常
由 "管理" 组成，通常基于复杂的人力资源、财务和 PMO 计
划。组织规模越大，计划过程与人员就越分离。自组织是
Nexus 的基本元素，它允许团队根据情况进行检视和调整。这
种以人为本的方法可以挑战许多传统的组织结构，但允许团队
根据他们对不断变化情况的认识进行组建。

> 　　一些更技术性的团队成员也强调了坚实的工程实践的价
> 值。他们谈到了发布自动化和持续集成过程。然而，该团队
> 的许多成员表示自动化水平远远不够，他们本来可以更早一
> 点开始。

　　构建健壮、可靠的软件不仅仅需要团队协同工作，他们还
必须使用坚实的工程实践。像持续集成，乃至持续交付等实践
可以帮助他们更加一致和有效。将技术债务保持在较低水平同
样重要，甚至更为重要，因为如果不对技术债务加以管理，它
会快速增长，直至威胁到产品的可行性。正如检视和调整帮助
团队构建正确的解决方案一样，只要团队不忽略这些信号，它
们还是可以通过提前暴露问题来帮助团队构建正确解决方案。
问题的透明性有助于产品负责人就焦点和优先级做出正确的
决定。

8.2　需要改进的领域

　　需要改进的领域包括管理技术债务、扩展产品负责人、发
展技能、建立透明度和信任。

8.2.1 管理技术债务

> 团队就技术债务管理进行了很多讨论，他们认为如果可以早些开始管理技术债务就可以管理得更好。在回顾中他们意识到，更早地建立更好的构建和测试自动化，并且更早地投资于服务框架，而非在 iOS 应用程序中投入太多精力，从长远来看会使事情变得更好。当时，他们认为在特性方面取得进展更为重要，但他们意识到这样做会损害他们以后的生产力。
>
> 关于产品负责人在这方面的角色也有一些讨论。产品负责人意识到在推动处理技术债务相关的特性时，她并没有完全理解减少技术债务的好处。在目睹了导致 Scrumble 之后，她觉得自己有了更多的认识，尤其是架构和自动化对一个伟大产品的贡献。

就像人月神话⊖和银弹提到的一样，⊖不存在完美的产品。因为软件只受人的想象力限制，所以可以添加或改变的事物数量几乎是无限的。可维护性、安全性、性能和适应性等架构问题与质量的迫切需求之间的摩擦，以及新的客户驱动的特性有助于生成一个健康产品。

⊖ 很少有书籍能比 Fred Brooks 的经典著作《人月神话：软件工程论文》更好地捕捉软件工程的问题。这本书描述了软件项目可以像传统工程项目一样被对待的思想的谬误，在这些传统工程项目中，工作可以随着人员的增加而减少。

⊖ 《没有银弹：软件工程的本质性与附属性工作》是 Fred Brooks 关于软件项目特征的一篇被广泛讨论的论文，请参阅 http://worrydream.com/refs/Brooks-NoSilverBullet.pdf。

这种困境的最终仲裁者是产品负责人。产品负责人负责整理产品待办事项列表以最大化产品价值。为了使产品负责人能够做出明智的决策，由架构问题驱动的变更必须用与新特性相同的方式传达。没有可以玩的"技术魔法"牌。相反，产品待办事项列表提供了所有工作的透明视图，包括技术债务、缺陷和新的客户特性。

为了帮助团队解决这个问题，一些组织在计划过程中引入了防护栏，为每个区域的工作百分比提供指导。例如，你可能会决定在接下来的 3 个 Sprint 中，处理 70% 的客户特性和 30% 的技术债务（包括修复缺陷）。这些防护栏为产品提供了愿景，并减少了 Nexus Sprint 计划中的争论。但是，它们只是指导方针，并不能代替产品负责人的权力来决定什么是最有价值的工作。通过预留一些时间来减少技术债务，防护栏不会削弱每个 Sprint 构建优秀软件的需求。指导方针只是提醒团队低质量的软件永远不会太好，并且他们需要在每个 Sprint 中投入资源来保持代码的整洁。

8.2.2　扩展产品负责人

产品负责人认识到她在给所有 Scrum 团队提供所需的支持方面遇到了困难，尤其是远程团队所需要的支持。Scrum 团队成员在她无法出现时尽可能地代表她，但是有一些问题还是会继续存在一段时间，直到她腾出时间了处理这些问题。

接下来，他们同意 Scrum 团队会为远程团队的产品负责人指定代表。这些代表仍然需要成长，但他们的首要职责是作为代表帮助产品负责人，从产品待办事项列表中获取相应的工作。

对产品负责人来说，与众多的 Scrum 团队合作是一项挑战。尽管如此，对产品决策拥有唯一权威的声音是至关重要的。当单一产品负责人分身乏术时，或者当团队需要指导却无法与所有团队互动时，她可以指派其他团队成员来代表她。

这并不意味着产品负责权有多个"等级"（例如"主要产品负责人"和"次要产品负责人"，可能建立一个产品负责人团队，或者更糟糕的是，不同产品负责人针对不同的特性）。⊖仍然需要有一名产品负责人对产品做出关键性决定，但当她不能一直在场时，她可以请求别人的帮助来代表她。

8.2.3 技能提升

> 几乎每个人都喜欢在不同的 Scrum 团队之间来轮换人员，即便如此，他们还是认为知识依然没有被有效地传达到团队之外。一位团队成员强调他们浪费了大量的时间用于构建测试设备，这一点在随后的 Nexus Sprint 评审中被另一个团队的成员描述为与"和我一样"。

Nexus 提供了帮助团队专注于构建伟大软件的机制，但是组织可能需要更多地跨团队共享更广泛的信息。除非他们碰巧就自己的工作进行了非正式的交谈，否则在 Nexus Sprint 评审

⊖ 一个更好的解决方案可能是针对不同的用户画像拥有不同的产品负责人，但这么做之前，先要问个问题：产品是否应该分解为多个产品，每个用户画像针对一个产品？只有当用户画像必须互动才能达到特定的效果时，针对不同用户画像有不同的产品会让发布更小、更简单。在本案例中，用一种产品解决他们相互关联的需求仍然是最好的方案。

之前，不同团队的团队成员之间可能都不知道对方正在做什么。当这种情况导致重复的工作时，人们可能会感到沮丧。

实践社区提供了一种在整个组织内共享实践和经验的机制。他们利用各种不同的技术，从讨论组、环聊⊖或定期演示中分享同伴之间的成功和挑战。成功的实践社区通常需要一定程度的领导，无论是以一个专职管理员的形式还是一组负责该领域的管理员的形式。社区的形成可以围绕着 Scrum Master 或产品负责人这样的角色，或诸如 Ruby 或 Python 之类的技术，又或者是诸如测试自动化、数据分析或设计之类的学科。它们还可以围绕业务领域形成，如索赔处理或客户获取。实践社区满足了不同团队中的人员与整个组织的同行分享经验的需求。

8.2.4　透明性和信任

> 有好几条意见是关于团队成员如何不能以透明的方式分享问题的。实际上，一位团队成员甚至说："我在后端团队从事后端工作，当我感到有问题，我很乐意告诉团队。但是，当我们进行重组进入到客户团队时，我是团队中唯一了解后端的人，所以我不愿意与我的新团队分享我的问题。我的意思是，我刚刚加入他们，并不想让这听起来好像是我在那里犯的错误。"

Nexus 带来的一个好处和挑战，是团队可以根据整个团队

　⊖　环聊（Hangouts）是谷歌开发的一款即时通讯和视频聊天应用。

对当前情况的了解进行革新。这是培养自组织和敏捷性的好方法，但可能会破坏团队提供的安全感。Nexus 是一个社会系统，是由人构成的，而不是由机器人组成的。

Scrum 接受这一现实，并提供勇气、专注、承诺、尊重和开放的价值观来营造透明和对话的环境（如图 8-1 所示）。⊖不幸的是，对价值观本身的描述并没有使它们在 Nexus 中成为现实，通常由 Scrum Master 来提醒团队存在这些价值观，并鼓励支持这些价值观的行为。要在一个组织内扩展价值观，不仅需要 Scrum 团队的遵循，还需要 Scrum 团队以外的人的遵循。领导层、人力资源、技术支持，以及组织内的所有支持角色也需要遵循这些价值观。

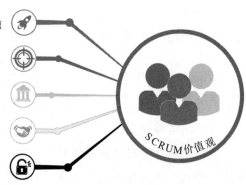

图 8-1　Scrum 价值观

⊖　有关 Scrum 背后的价值观的更多信息，请参阅 https://www.scrum.org/resources/blog/updates-scrumguide-5-scrum-values-take-center-stage。

鼓励人们遵循这些价值观的一种技巧是将其做成海报贴在墙上，然后在 Nexus Sprint 回顾中展示任何榜样行为。有些团队为其成员增添了有趣的奖品，这些奖品已经超越了展示价值的范围，就像玩具狮子被赋予了最后一个表现出勇气的人。

Scrum 价值观

Nexus 像 Scrum 一样，它不是一种用于描述组织在整个过程中详细活动的方法论。相反，Nexus 提供了一个框架，其中包含一些简单的规则、工件、角色和事件，以帮助团队针对其特定问题找到正确的流程。

Nexus 不会解决组织的问题，但如果正确应用 Nexus 将确保这些问题被找到以得到解决。然而，Nexus 的威力可能会被一种文化所破坏，这种文化是宁愿忽略问题，也不愿意进行检视、调整、透明和改进，这样做不会带来变革，只会隐藏问题。不幸的是，文化是最难改变的事情，这可能会破坏任何转型。Nexus 和 Scrum 无法解决文化问题，但 Scrum 指南为五个价值观的定义提供了一些帮助（请参阅表 8-1）。

这些价值观指导团队如何工作，以及他们可以在哪些方面进行改进。价值观是承诺、专注、开放、尊重和勇气。每一条价值观都提供了关于 Scrum 和 Nexus 如何工作的伦理视角。

表 8-1　五个价值观

价值观	定　义
承诺	或许这条价值观是最容易混淆的，容易误认为是向管理层做出的对 Sprint 成果的"承诺"。但这里的承诺是指团队对遵循 Nexus 和 Scrum 的承诺，是对 Nexus 和 Scrum 团队的成员的承诺。是团队对工作的奉献精神，而不是对学习以外的任何特定成果的承诺。
专注	Sprint 提供了一个清晰的时间盒，使团队可以专注于 Sprint 的目标，而不会被其他事情分散精力。专注还描述了 Scrum 和 Nexus 的思想，即只做最必要的事，以交付目标和相关待办事项列表条目中描述的价值。
开放	传统的工业流程常常鼓励一种诚实和开放性较弱的托词文化，如果你能责怪别人，问题就不会被认为是一个问题。Scrum 和 Nexus 需要采取不同的方法，它鼓励团队适应透明性。如果没有透明性，Scrum 就无法工作，因为团队可能适应了问题，但没有考虑到实际情况。开放性也鼓励在整个 Nexus 通过团队协作共享知识，并可能根据实际情况进行重组。
尊重	Nexus 由许多具有不同经验和技能的人组成。尊重每个人非常重要，即使这些人看待事物的角度不同。传统上，大家期望管理层将确保每个人都在做贡献。而在 Nexus 和 Scrum 中，每个人都要承担这一责任。尊重可以鼓励每个人都做出贡献，因为它提供了一种理念，即每个人都可以提出观点，而不会被冒犯或嘲笑。
勇气	在支持尊重方面，勇气营造了一个环境，它让每个人都有权做出贡献并挑战团队或自身的处境。这条价值观在客户想要的产品和团队希望的交付流程中，得到了最佳的表现。

8.3　下一步是什么

　　基于他们的回顾，团队创建了一个企业改进待办事项列表，他们将其用于指导团队提高交付能力。列表中包括了尝试建立开发人员社区，以进行跨团队信息共享。看起来每个人都很开心，他们从日常工作中退后一步，专注于从第一天开始就运作良好的事情，以及他们可以从中学到什么经验。然后，他们开始了 Nexus 的节奏，他们启动了下一个 Sprint 的 Nexus Sprint 计划活动。产品负责人的开场白是："这是一个伟大的 Sprint。现在，我们真的需要聚焦在……"。

交付令人惊叹的产品来赢得客户喝彩实际上是一个非常简单的过程。你有一个想法，创建一个假设，建立一些东西来评估这个假设，测试它，评审你的发现，并重新开始。⊖ 但是，在客户、业主、构建者、领导者和其他利益相关者之间缺乏透明性的情况下，这个非常简单的过程很容易遭到破坏。

当你增加人员，忽视客户的需要和你自己的使命，并使用未经证实的技术或拥有巨大技术债务的技术时，很容易开始觉得答案就是更多的前期规划、更多的过程、更多的角色、更多的事件和更详细的时间表。这样做会陷入一种工作活动的迷雾，造成一种幻想，即更多的工作正在完成，而现实是交付的价值越来越少。

现实情况是，通往可持续业务敏捷的路径是专注于建设高绩效团队，减少这些团队之间的依赖关系，并消除约束和抑制因素。

归纳到一点就是，小团队有效的工作方式扩展到大团队仍然有效。团队可以增长到 7±2 个成员，一个 Nexus 可以增长到 7±2 个团队。多个 Nexus 也是可能的。除此之外，确保透明

⊖　对商业新范式的概述可以参阅 Jeff Gothelf 和 Josh Seiden 的著作《感知与回应：成功的组织如何倾听客户和不断地创造新产品》。

性的开销和保持自组织优势的挑战需要坚实的模块化体系结构、隔离问题，以及广泛的自动化，从而保持小型、专注和敏捷。

8.4　结束语

正如我们在开篇时所说的，规模化的 Scrum 仍然是 Scrum，所以 Nexus 仍然是 Scrum。只是增加了一点内容，以帮助减少或消除跨团队依赖并保持透明性，但它仍然是 Scrum。

为了有效地规模化，你需要掌握基本知识。好消息是，如果你已经在使用 Scrum，那么就已经有了一个很好的基础。我们试图在案例研究中表明团队不一定要非常完美地使用 Nexus，但他们必须要努力。他们仍然需要检视和调整自己的做法，他们需要认真地努力提高自己的绩效。这不总是那么容易，但奋斗是旅程的一部分。

当遇到困难时，回到 Scrum 价值观去寻找改进方法。我们已经发现这些价值观为团队提供了一种框架来进行改进讨论，挑战自己做得更好。

除了 Scrum 价值观列表中的内容，还有很多其他的重要价值观，我们把它们留给你，希望你可以将它们应用于你所做的一切。玩得开心！享受那些通过共同努力而实现的令人觉得很酷的事，并保持幽默感！当事情变得艰难时，能够退后一步，一笑置之，这真的很有帮助，哪怕只是一点点。

祝你好运！

了解更多信息

Scrum.org 持续投入并演进了 Nexus。有关 Nexus 的详细在线指南可以参阅 https://www.scrum.org/resources/online-nexus-guide。

本书是专业 Scrum 系列的第一本关于 Nexus 的书。未来，该系列的书将涵盖 Scrum 中的各种角色，包括产品负责人。

Nexus 案例研究和更多关于如何规模化 Scrum 的信息可以参阅 https://www.scrum.org/resources/scaling-scrum。

最后，Scrum.org 社区博客包含大量与 Scrum 应用和规模化有关的主题，请参阅：https://www.scrum.org/resources/blog。

祝你好运，向着 Scrum 前进！

——Kurt，Patricia 和 Dave

术　语　表

A

Application Lifecycle Management，ALM（应用程序生命周期管理）　是一个对软件应用程序和系统进行管理的整体视图，涉及一个软件产品存在的所有阶段，从概念产生，经历构建、测试、部署，直到生命周期结束。

Acceptance Test-Driven Development，ATDD（验收测试驱动开发）　是一种测试先行的软件开发实践，通过自动化测试用例来创建新功能的验收标准。起初测试用例是失败的，随着开发的进行，测试用例得以通过，验收标准得到满足。

B

Behavior-Driven Development，BDD（行为驱动开发）　是一种敏捷软件开发实践，在 TDD 的基础上增加了对新功能所期望的功能行为的描述。BDD 通常包括所谓的"可执行的规范"。用普通文本编写的测试用例可以自动执行。

Branching（分支）　是一种源代码管理技术，在版本控制系统中创建代码的逻辑或物理副本，以便副本被更改时可以是相互隔离的。

Burn-down Chart（燃尽图）　是一种用于显示剩余工作量随时间变化的图表。燃尽图是 Scrum 中用于展现进展透明性的一种实现方法。

Burn-up Chart（燃起图） 是一种用于显示所度量的指标（如故事点数或产品待办事项条目数）随时间变化的图表。燃起图是 Scrum 中用于展现进展透明性的一种实现方法。

C

Clean Code（代码整洁） 是一种源代码的属性，符合该属性的代码语句表达良好、格式正确、组织有效，并让其他程序员容易理解。代码整洁强调清晰比巧妙更加重要。

Code Coverage（代码覆盖率） 是一种度量指标，用来指明已经执行过测试的产品代码的数量。

Cohesion and Coupling（内聚和耦合） 耦合是一种用于衡量一组模块相互依赖性的度量指标，而内聚是一种衡量单个模块中的功能是如何关联的度量指标。目标是在低耦合的情况下实现高内聚。

Collective Code Ownership（集体代码所有权） 是一种通过极限编程而流行起来的软件开发原则。它认为给定代码库的所有贡献者都对代码整体负责。

Continuous Delivery（持续交付） 是一种类似于持续部署的软件交付实践，其区别是需要一个人工操作将变更提交到部署流水线的相应环境中。

Continuous Deployment（持续部署） 是一种软件交付实践，其中发布过程是完全自动化的，从而可以在没有人工干预的情况下将变更提交到生产环境中。这种方法需要在整个部署流水线中具备超强自动化的质量流程。

Continuous Integration，CI（持续集成） 是一种通过极限编程而流行起来的敏捷软件开发实践，新签入的代码可以频繁地进行构建、集成和测试，通常每天会进行多次。

Cyclomatic Complexity（圈复杂度） 是一种衡量代码复杂度的度量指标。度量内容为通过一个方法或函数的独立逻辑路径数量。圈复杂度用一个简单的整数进行表达。

Cross-functional（跨职能） 是一种团队特征。团队具备所需的所有技能，可以在迭代中成功地生成可发布的增量。

D

Daily Scrum（Scrum 每日站会） 开发团队在 Sprint 期间每天安排一次上限为 15 分钟的活动，从而重新计划未来 24 小时的开发工作。会议中所做的决定体现在对 Sprint 待办事项列表的更新中。

Definition of Done，DoD（完成定义） 对增量所必须达到预期的共同理解，满足该预期的增量才能被发布到产品中。完成定义由开发团队管理。

Developer（开发人员） 开发团队的任何成员，不论是技术人员、职能人员还是具有其他专长的人员。

DevOps 是一种组织概念，在技能、思维方式、实践和"筒仓"心理等方面架起开发和运维之间的桥梁。其基本思想是让开发者意识到 – 并且在日常工作中考虑到对运维的影响，反之亦然。

Development Team（开发团队） Scrum 团队中的角色，负责在每个 Sprint 中创建可发布产品增量所需的管理、组织和所有开发工作。

E

Emergence（浮现） 是指一种新事实或者事实中的新知识逐渐呈现或凸显的过程，亦或是事实出人意料地展现出来的过程。

Empiricism（经验主义） 是一种过程控制类型，只有过去发生的才被认可为是确定性的，并且其中的决策基于观察、经验和实验。经验主义有三大支柱：透明、检视和调整。

Engineering Standards（工程标准） 开发团队应用的一组共享的开发和技术标准来创建可发布的软件增量。

F

Feature Toggle（特性开关） 是一种软件开发实践，允许动态地打开和关闭（部分）功能，而不影响用户对系统的整体可访问性。

Forecast of Functionality（预测功能） 是由开发团队从产品待办事项列表中选择出的条目，团队认为这些条目可以在一个时间段内（比如一个 Sprint 或一个发布周期）实施。

I

Increment（增量） 是一个产品的最新可工作版本，该版本建立在以前创建的增量上。增量式地构建产品意味着产品随着每个增量而逐渐变大。

Integrated Increment（集成增量） 所有 Scrum 团队在 Sprint 中创建的功能增量。所有 Scrum 团队都遵循同样的"完成"定义（DoD）。

N

Nexus 是一个扩展 Scrum 的框架，可以使多个 Scrum 团队使用一个产品待办事项列表来提供集成的产品。它使组织能够将 Scrum 的迭代和增量方法应用于产品交付，以交付大型复杂产品。

Nexus Daily Scrum（Nexus 每日 Scrum 站会） 是一个每日计划会议，来自 Nexus 中每个 Scrum 团队的代表可以在各 Scrum 团队的每日 Scrum 站会之前，共同讨论跨团队的依赖和集成挑战。

Nexus Integration Team，NIT（Nexus 集成团队） 是一个 Scrum 团队，负责让 Nexus 至少在每个 Sprint 生成一个完全集成的增量。其主要工作是协调和指导各 Nexus Scrum 团队的工作。集成团队由 Scrum Master、产品负责人和具有其他必要技能的人员组成。Nexus 集成团队成员可能是虚拟的或其他 Scrum 团队的成员，前提是他们所承担的 Nexus 集成团队的职责优先。

Nexus Sprint Backlog（Nexus Sprint 待办事项列表） 是一个高层级计划，用于协调 Nexus 中所有 Scrum 团队的工作，突出团队之间以及产品待办事项列表条目之间的依赖关系。

Nexus Sprint Planning（Nexus Sprint 计划） 是一个计划事件，为 Nexus 中的所有 Scrum 团队创建下一个 Sprint 计划。该会议旨在消除依赖关系，实现协调一致的工作，并交付集成增量。

Nexus Sprint Review（Nexus Sprint 评审） 是一个通过审查集成增量，并对未来计划工作进行适当调整来协调总体进展的事件。

Nexus Sprint Retrospective（Nexus Sprint 回顾） 是一个由 Nexus 集成团队和来自各 Nexus Scrum 团队的代表，评估和改进 Nexus 的运作方式的事件。

P

Pair Programming（结对编程） 是一种通过极限编程而流行起来的敏捷软件开发实践，在该实践中，两名团队成员共同创建新功能。

Product Backlog（产品待办事项列表） 是一个有序的列表，列出了要创建、维护和维持一个产品所要完成的工作。该列表由产品负责人管理。

Product Backlog Refinement（产品待办事项列表梳理） 是

一项 Sprint 中的活动，由产品负责人和开发团队通过该活动为产品待办事项列表细粒化，并增强对产品待办事项列表条目的共同理解。

Product Owner（产品负责人） 是一种 Scrum 中的角色，该角色负责最大化产品价值，做法是以增量的方式管理并向开发团队表达对产品业务和功能方面的期望。

R

Ready（就绪） 在 Sprint 计划会中，由产品负责人和开发团队就产品待办事项列表条目的描述和颗粒度所要达到的程度，达成的一致理解。

Refactoring（重构） 是一种通过极限编程而流行起来的敏捷软件开发实践。该实践在不影响代码外部的、功能性的行为的基础上改进代码的内部实现。

S

Scrum 是一种支持团队进行复杂产品开发的框架。Scrum 由 Scrum 团队和相关的角色、事件、工件和规则组成，可以在《Scrum 指南》中找到相关的定义。

Scrum Board（Scrum 板） 是一种用于信息可视化的物理板。它由 Scrum 团队建立，并服务于 Scrum 团队。通常用来管理 Sprint 代办事项列表。在 Scrum 中，Scrum 板是可选的信息可视化方式。

Scrum Guide（Scrum 指南） Scrum 指南定义了 Scrum，由 Scrum 的共同创建者 Ken Schwaber 和 Jeff Sutherland 撰写并提供。该指南阐述了 Scrum 的角色、事件、工件，以及把它们组织在一起的规则。

Scrum Master 是 Scrum 团队中的一个角色，负责指导、教练和教学工作，并对 Scrum 团队及其工作环境提供帮助，使 Scrum 能够以正确的方式被理解和使用。

Scrum Team（Scrum 团队） 由产品负责人、开发团队和 Scrum Master 组成的自组织团队。

Scrum Values（Scrum 价值观） 支撑 Scrum 框架的一套基本价值观和特质，即承诺、专注、开放、尊重和勇气。当这些价值观内化到 Scrum 团队中时，Scrum 的三大支柱——透明、检视和调整就会变为现实，让所有人之间相互信任。Scrum 团队成员在使用 Scrum 事件、角色和工件开展工作的同时，也在学习并探索这些价值观。

Self-organization（自组织） 这是团队自主地组织自己工作的管理原则。自组织要在边界内的既定目标下进行。由团队选择完成工作的最佳方式，而不是由团队之外的其他人指挥。

Sprint 是一个 30 天或更短的时间盒事件，是其他 Scrum 事件和活动的容器。Sprint 是连续进行的，中间不能有间隔。

Sprint Backlog（Sprint 待办事项列表） 是实现 Sprint 目标所需开发工作的概览，它预测了要实现的功能以及交付这些功能所需的工作。Sprint 待办事项列表由开发团队管理。

Sprint Goal（Sprint 目标） 是对于 Sprint 目的的简短表达，通常是处理的一个业务问题。在 Sprint 中，有可能为达成 Sprint 目标而调整功能范围。

Sprint Planning（Sprint 计划） 是一个 8 小时或更短的时间盒事件，用于启动一个 Sprint。Scrum 团队通过 Sprint 计划检视产品待办事项列表，从中选取最有价值的工作来做，并将这些工作计划到 Sprint 待办事项列表中。

Sprint Retrospective（Sprint 回顾） 是一个 3 小时或更短的时间盒事件，用于结束一个 Sprint。Scrum 团队通过 Sprint 回顾检

视刚刚过去的 Sprint，并计划在下一个 Sprint 中需要做的改进。

　　Sprint Review（Sprint 评审） 是一个 4 小时或更短的时间盒事件，标志着 Sprint 开发工作的结束。Scrum 团队和利益相关者通过 Sprint 评审来检视 Sprint 中创建的产品增量，评估已完成工作对整体进度的影响，并更新产品待办事项列表，从而将下一阶段的价值最大化。

　　Stakeholder（利益相关者） 是指那些在 Scrum 团队之外的，对需要进行增量开发的产品有明确兴趣和知识的人。由产品负责人代表利益相关者，并积极参与 Scrum 团队的 Sprint 评审。

T

　　Test-Driven Development，TDD（测试驱动开发） 是一种测试先行的软件开发实践，即先定义和创建测试用例，随后创建可执行的代码使测试通过。起初测试用例是失败的，随着开发的进行，测试用例得以通过。

　　Technical Debt（技术债务） 是在产品维护中典型的不可预测开销，通常由不太理想的设计决策导致，是总拥有成本的一部分。它可能无意间存在于产品增量中，或者是为了更早交付价值而有意引入的。

U

　　User Story（用户故事） 是一种来自极限编程的敏捷软件开发实践，它从最终用户的视角表达需求，强调口头沟通。在 Scrum 中，用户故事通常用来表达产品待办事项列表中的功能条目。

　　Unit Test（单元测试） 是一种底层技术测试，重点关注一个软件系统中的较小组成部分，可以快速并独立执行测试。"单元"的定义和边界通常依赖于具体上下文，并在开发团队中达成一致。

V

Velocity（**速率**） 是一个可选但经常使用的指标，表示 Scrum 团队在一个 Sprint 中将产品代表事项列表中的工作转变成产品增量的平均数量。该指标由开发团队进行跟踪，并在 Scrum 团队内部使用。